Studiengang Vermessungswesen an den deutschen Fachhochschulen und Universitäten – ein Überblick –

zusammengestellt vom DVW-Arbeitskreis 2 „Berufsausbildung und Fachliteratur"

Teil 2: Fachhochschulen

Schriftenreihe des DVW

Band 38

Studiengang Vermessungswesen an den deutschen Fachhochschulen und Universitäten – ein Überblick – zusammengestellt vom DVW-Arbeitskreis 2 „Berufsausbildung und Fachliteratur"

Teil 2: Fachhochschulen

Redaktion

Wolffried Wehmann

2000

Schriftenreihe des DVW
im
Verlag Konrad Wittwer

ISBN 3-87919-271-5

ISSN 0940-4260

Schriftenreihe des DVW Band 38
im Verlag Konrad Wittwer

Herstellung: Gulde-Druck GmbH, Tübingen
Printed in Germany

Inhaltsverzeichnis:

Vorwort

Ende 1998 erschien als Band 34 der Schriftenreihe des Deutschen Vereins für Vermessungswesen (DVW) die Veröffentlichung "Studiengang Vermessungswesen an den deutschen Fachhochschulen und Universitäten - Teil 1 Universitäten ". Sie ist eine Fortsetzung der in bestimmten Abständen in der Zeitschrift für Vermessungswesen durch den Arbeitskreis 2 des DVW veröffentlichten Überblicke über Ausbildungsfragen. Die Herausgabe des Teils 2 Fachhochschulen wurde bewußt um fast zwei Jahre verschoben, da in dieser Zeit an vielen Fachhochschulen neue Studienpläne erarbeitet und eingeführt wurden, um die Veränderungen im Berufsbild des Vermessungsingenieurs und in der wissenschaftlich-technischen Entwicklung des Vermessungswesens in der Ausbildung zu berücksichtigen.
Die Veränderungen der beruflichen Aufgaben lassen sich im wesentlichen mit der Gewinnung und Bearbeitung von Geobasisdaten sowie dem Geoinformationswesen charakterisieren. Hiermit gehen umfassende Änderungen in vielen Ausbildungsinhalten sowie die Einführung neuer Lehrgebiete bei insgesamt verringertem Stundenvolumen einher. Dabei werden jedoch weiterhin Vermessungsingenieure ausgebildet. Lediglich an der Fachhochschule Oldenburg ist zusätzlich ein Studiengang Geoinformationswesen neu eingerichtet worden, der aufgrund seiner ähnlichen Ausbildungsinhalte in dieser Veröffentlichung mit aufgenommen worden ist. Des weiteren sind auch die vier Studiengänge Kartographie an deutschen Fachhochschulen in der nachfolgenden Zusammenstellung enthalten, da seit Mitte der neunziger Jahre, bedingt durch die umfassende Durchdringung geodätischer und kartographischer Technologien durch die Informatik, eine stärkere Annäherung und Verflechtung der beiden benachbarten Berufszweige festzustellen ist.
Die vorliegende Dokumentation orientiert sich weitgehend an der Darstellung im Teil 1 Universitäten. So werden wieder zuerst die Organisationsstruktur des jeweiligen Studiengangs mit den Anschriften der Labors, der Zahl der Lehrpersonen, statistischen Daten zu den Studenten und Absolventen der letzten fünf Jahrgänge und eine Übersicht über die Lehrveranstaltungen und Prüfungen angegeben. Es folgen Auszüge aus den derzeit geltenden Studien- und Prüfungsordnungen. Da sich diese wie bei den Studiengängen der Universitäten an der Rahmenprüfungsordnung für die Studiengänge Vermessungswesen orientieren müssen, sind viele Regelungen der einzelnen Studien- und Prüfungsordnungen gleich. Die Ordnungen der meisten Fachhochschulstudiengänge sind mit insgesamt bis zu siebzig Seiten sehr umfangreich. Deshalb beschränkt sich die vorliegenden Zusammenstellung auf wenige wesentliche Inhalte, wobei versucht

wurde, sich auf für Berufskollegen und Studieninteressenten wichtige Inhalte mit den typischen Besonderheiten der einzelnen Studiengänge zu konzentrieren. Die vollständigen Ordnungen können von den einzelnen Fachhochschulen direkt bezogen werden.

Auf eine ursprünglich geplante und im Band 34 der DVW-Schriftenreihe angekündigte Veröffentlichung der neuen, wesentlich geänderten Rahmenprüfungsordnungen für die universitären und Fachhochschulstudiengänge Vermessungswesen wurde nach deren Verabschiedung verzichtet. Sie sind sehr allgemein und für Außenstehende zu abstrakt abgefaßt, so daß den einzelnen Universitäten und Hochschulen genügend Freiräume zur Entwicklung eigener Profile gewährt wird.

Für die Übernahme dieses zweiten Teils der Dokumentation in die Schriftenreihe des DVW bedanken wir uns recht herzlich beim Präsidium des Deutschen Vereins für Vermessungswesen.

Bonn, im Juni 2000

Bertold Witte
Obmann des Arbeitskreises 2

Dresden, im Juni 2000

Wolffried Wehmann

Hochschule Anhalt (FH)
Hochschule für angewandte Wissenschaften

Studiengang	**Vermessungs- und Geoinformationswesen**
Fachbereich:	**Vermessungswesen**
Dekan:	Prof. Dr.-Ing. Norbert Gerhards
Prodekan:	Prof. Dr. rer. nat. Ronald Jurisch
Studienberatung:	Prof. Dr. rer. nat. Roland Jurisch
Anschrift:	Hochschule Anhalt (FH) Fachbereich Vermessungswesen PF 2215 , **06818 Dessau**
Telefon:	03 40/ 6 55 22 29
Fax:	03 40/ 6 55 22 00
E-Mail:	gerhards@vw.hs-anhalt.de
homepage:	http://www.hs-anhalt.de/fb/fb-5/dekanat.htm

Summe der Professoren auf Planstellen	10
Summe der Lehrbeauftragten (Studium)	7
Summe der Laboringenieure und Technischen Mitarbeiter auf Planstellen	10

Studenten:	**1996**	**1997**	**1998**	**1999**
Studienanfänger:	60	60	60	70
Absolventen:		44	51	47
Regelstudienzeit:	8 Semester			
davon Praxissemester:	1 Semester			
Vorpraktikum:	6 Wochen bis zum 3. Semester			

Studiengang Vermessungswesen

Übersicht über die Lehrfächer und Prüfungen
gemäß der Studien- und Prüfungsordnung vom: 27.01.1999

Lehrfach	Studienabschnitt			Prüfungsleistungen			
	Grund-studium V + Ü	Haupt-studium V + Ü	Vertiefungs-studium V + Ü	Grund-studium		Haupt-studium	
				Schein Beleg	Prü-fung	Schein Beleg	Prü-fung
Mathematik	12				2		
Math.Stat./ Fehlerlehre/ Ausgleichsrechnung	4	4	4		1		1
Grundl. der Informatik	12	12	4	2	2		
Physik, Optik, Elektronik	10				2		
Vermessungskunde/ Instrumentenkunde	8/4				2		
Ingenieurgeodäsie	2	2	8	1			1
Recht/ Verwaltungs-grundlagen	2				1		
Betriebswirtschaft	2			1			
Photogrammetrie		4	2				1
Fernerkundung/Digitale Bildverarbeitung		4	4				1
Topographie/ Karto-graphie/ Kartennetze		4					1
Geoinformationssysteme		4	11			1	1
Höhere Geodäsie/ Landesvermessung	1	3		1			1
Satellitengeodäsie/ Astronomie	1	3		1			1
Siedlungswesen/ Landesplanung		2	15				1
Organisationslehre/ Management/ Führungs- u. Bewerbungstraining	2			1			
Kataster/ Liegenschaftswesen	2				1		

Lehrfach	Studienabschnitt			Prüfungsleistungen			
	Grund-studium V + Ü	Haupt-studium V + Ü	Vertiefungs-studium V + Ü	Grund-studium		Haupt-studium	
				Schein Beleg	Prü-fung	Schein Beleg	Prü-fung
Grundstücksbewertung		4	4				1
Geodät. Berechnungen	6				1		
Technisches Englisch	6				1		
Geodatenverwaltung		12				1	
Ortsplanung		2					1
Wahlpflichtfächer 1	3			x			
Wahlpflichtfächer 2		12				x	
Studienschwerpunkte			24				x
Dauer der Diplomarbeit	3 Monate						

Wahlpflichtfächer 1:
Grundlagen der Geotechnik
Wege- und Gewässerbau
Existenzgründung und –sicherung
Präsentationstechnik
Rhetorik für Ingenieure
Arbeitsrecht
Mitarbeiterführung

Wahlplichtfächer 2:
Praxis der Bauvermessung
Spezielle geodätische Messtechniken
Ausgewählte Kapitel der Sensorik
Ausgewählte Kapitel der Photogrammetrie
Ausgewählte Kapitel der Fernerkundung
Ausgewählte Kapitel der Satellitengeodäsie
Ausgewählte Kapitel der Ingenieurvermessung
Geodätische Programmsysteme
Physikalische Geodäsie
Geodynamik
Sphärische Trigonometrie
Ausgewählte Kapitel der Ausgleichsrechnung
GIS in der Verwaltung
Thematische Kartographie
Graphische Datenverarbeitung
Spezielle Kapitel der Ortsplanung

Spezielle Kapitel der Grundstücksbewertung
Spezielle Kapitel der Bodenordnung

Schwerpunkte:
1. Geoinformationswesen
2. Raumplanungs- und Bodenmanagement
3. Ingenieurvermessung

Hinweise und Anmerkungen:

1. Vorpraktikum – Erforderlicher Umfang: 6 Monate bis zum 3. Semester.

Studienordnung für den Studiengang Vermessungs- und Geoinformationswesen im Fachbereich Vermessungswesen an der Hochschule Anhalt (FH)

vom 27. Januar 1999

Inhalt

Maskuline Personenbezeichnungen in dieser Ordnung gelten ebenso für Personen weiblichen Geschlechts.

I. Allgemeines

§ 1 Grundlagen

(1) Die rechtlichen Grundlagen sind:

1. Hochschulgesetz des Landes Sachsen-Anhalt vom 7. Oktober 1993,
2. Diplomprüfungsordnung für den Studiengang Vermessungs- und Geoinformationswesen im Fachbereich Vermessungswesen an der Hochschule Anhalt (FH) vom 2. März 1995 mit den Änderungen vom 8. April 1999.

(2) Diese Studienordnung regelt den Studiengang Vermessungs- und Geoinformationswesen bis zum Abschluss der Diplomprüfung.

§ 2 Studienziel

Lehre und Studium sollen den Studenten auf berufliche Tätigkeiten vorbereiten und ihm die erforderlichen fachlichen Kenntnisse, Fähigkeiten und Methoden so vermitteln, daß er zu wissenschaftlicher Arbeit, zu selbständigem Denken und zu verantwortlichem Handeln in einem freiheitlichen, demokratischen und sozialen Rechtsstaat befähigt werden.

II. Studium

§ 3 Studiendauer

Die Studienzeit, in der das Studium abgeschlossen werden kann, beträgt einschließlich darin eingeordneter berufspraktischer Tätigkeiten (Praxissemester) und der Diplomprüfung **vier** Jahre (Regelstudienzeit).

§ 4 Gliederung des Studiums

(1) Das Studium gliedert sich in:

1. ein viersemestriges Vordiplomstudium, das mit der Diplomvorprüfung abschließt, und
2. ein viersemestriges Hauptstudium, das mit der Diplomprüfung abschließt.

(2) In das Studium ist ein praktisches Studiensemester als Praxissemester im Umfang von 20 Wochen (in der Regel im vierten Semester) eingeordnet. Die Diplomarbeit wird in der Regel im achten Semester angefertigt und umfaßt drei Mo-

nate.

(3) Eine berufspraktische Tätigkeit von 6 Wochen im Vermessungswesen ist bis zum Beginn des dritten Fachsemesters erforderlich.

§ 5 Praxissemester

(1) Das Praxissemester soll den Studenten an die berufliche Tätigkeit des Vermessungsingenieurs heranführen durch konkrete Aufgabenstellung und praktische Mitarbeit bei Vermessungsbehörden, privatwirtschaftlichen Vermessungsstellen oder anderen autorisierten Einrichtungen und Institutionen. Es soll insbesondere dazu dienen, die im bisherigen Studium erworbenen Kenntnisse und Fähigkeiten anzuwenden und die bei der praktischen Tätigkeit gemachten Erfahrungen zu reflektieren und auszuwerten.

Zwischen der Praxissemesterstelle und dem Student wird ein Vertrag abgeschlossen. Ein Mustervertrag liegt im Fachbereich aus.

(2) Die Betreuung des Praxissemesters durch den Fachbereich beinhaltet die fachliche und pädagogische Beratung durch das Professorenkollegium.

(3) Nach Abschluß des Praxissemesters legt der Student einen Bericht über seine Tätigkeit vor, der nach Kenntnisnahme durch Büro oder Betrieb unverzüglich dem betreuenden Professor zugeleitet wird.

(4) Kann der Student aus zwingenden Gründen, die er nicht zu vertreten hat, Teile des Praxissemesters bis zu einem Viertel des Gesamtumfanges nicht oder nicht in der dem Zweck des Praxissemesters entsprechenden Weise ableisten, so kann der Prüfungsausschuß nach Anhörung des betreuenden Professors dem Studenten diesen Teil des Praxissemesters erlassen. Dieser Professor bescheinigt die erfolgreiche Teilnahme.

§ 6 Studienplan

(1) Der Studienplan (siehe Übersicht über Lehrveranstaltungen und Prüfungen) ist Bestandteil dieser Studienordnung. Er enthält eine Empfehlung für den zeitlichen Ablauf des Studiums und gibt die Anzahl der Semesterwochenstunden an. Das Lehrangebot besteht aus Vorlesungen (V), Übungen (U), Seminaren (S), Praktika (P) und Entwürfen (E). Der Studienplan enthält Pflichtfächer, Wahlpflichtfächer und Wahlfächer.

(2) Pflichtfächer sind alle Fächer, die nach der Prüfungs- oder Studienordnung für den erfolgreichen Abschluß des Studiums erforderlich sind.

(3) Wahlpflichtfächer sind alle Fächer, die zur Anlage dieser Ordnung (siehe Übersicht über Lehrveranstaltungen und Prüfungen) gehören.

(4) Wahlfächer sind Fächer, die die Studentin/ der Student nach eigener Wahl bestimmt. Alle zusätzlich belegten Lehrveranstaltungen gelten als Wahlfächer.

(5) Vorlesung ist die zusammenhängende Darstellung und Vermittlung von Kenntnissen und Methoden auf wissenschaftlicher Grundlage.

(6) Übung ist die praxisbezogene Durcharbeitung von Lehrstoffen, Verfestigung von Kenntnissen und Einübung von Fertigkeiten.

(7) Seminar ist die selbständige Bearbeitung komplexer Fragestellungen auf wis-

senschaftlicher Grundlage oder die Beurteilung vorwiegend neuer Problemstellungen mit wissenschaftlichen Methoden im Wechsel von Vortrag und Diskussion.

(8) Praktikum ist die Anwendung der erworbenen Kenntnisse und Fähigkeiten auf praktische oder experimentelle Aufgabenstellungen.

(9) Entwurf ist die konstruktive planerische Erarbeitung von Lösungen und ihre abwägende Diskussion für eine gegebene Aufgabenstellung.

(10) Projekt ist das Erarbeiten der Lösung einer fächerübergreifenden, praxisrelevanten Problemstellung aus dem Bereich des Studienschwerpunktes.

(11) Für Vorlesungen, Übungen, Seminare, Praktika und Projekte kann der Fachbereichsrat im Hinblick auf räumliche Gegebenheiten und Lernerfolg bestimmte maximale Teilnehmerzahlen festlegen und die Vorlage bestimmter Leistungsnachweise fordern.

§ 7 Studienberatung

(1) Die allgemeine Studienberatung erfolgt zentral durch die Hochschule Anhalt (FH)

(2) Die Studienfachberatung wird durch einen vom Fachbereich beauftragten Professor durchgeführt; sie bezieht sich auf

- Informationen über Einzelheiten und Gestaltung des Studienablaufs, das Studienangebot und die Arten der Lehrveranstaltungen im Fachbereich,
- Fragen im Zusammenhang mit dem Wechsel des Studienganges oder der Hochschule.

III. Schlussbestimmung

§ 8 Inkrafttreten

Die Studienordnung tritt nach Maßgabe von § 11(5) des Hochschulgesetzes des Landes Sachsen-Anhalt in Kraft.

Technische Fachhochschule Berlin

Studiengänge:	**Vermessungswesen; Kartographie**
Fachbereich:	**III - Bauingenieur- und Geoinformationswesen**
Dekan:	Prof. Dipl.-Ing. Karl-Heinz Kötter
Prodekan:	Prof. Dr.-Ing. Andreas Fischer
Studienberatung:	Prof. Dr. Thomas Lange
Anschrift:	Luxemburger Str. 10, **13353 Berlin**
Telefon:	0 30/ 45 04 25 92 - 25 94
Fax:	0 30/ 45 04 26 32
E-Mail:	fbIII@tfh-berlin.de
homepage:	http://www.tfh-berlin.de/studium/fbIII/index.htm

Summe der Professoren auf Planstellen	Vermessungswesen: 7 / Kartographie: 4
Summe der Lehrbeauftragten (Studium)	Vermessungswesen: 6 / Kartographie: 4
Summe der Laboring. auf Planstellen	Vermessungswesen + Kartographie: 8
Summe der Technischen Mitarbeiter auf Planstellen	Vermessungswesen + Kartographie: 1

Studiengang Vermessungswesen

Studenten:	**1996**	**1997**	**1998**	**1999**
Studienanfänger:	42	43	47	40
Absolventen:	31	36	32	30
Studiendauer (Median):	8,1 Semester			
Regelstudienzeit:	8 Semester			
davon Praxissemester:	1 Praxissemester			
Vorpraktikum:	13 Wochen			

Labore

1.	Name des Labors:	Zentrum für Bau- und Geodaten
	Leitung:	Prof. Dr. Schwenkel
	Telefon:	0 30/ 45 04 25 85
	Fax:	0 30/ 45 04 26 32
2.	Name des Labors:	Labor für Photogrammetrie
	Leitung:	Prof. Dr. Kähler
	Telefon:	0 30/ 45 04 25 39
	Fax:	0 30/ 45 04 26 32
3.	Name des Labors:	Labor für Kartenredaktion und -gestaltung
	Leitung:	Prof. Dr. Schweikart
	Telefon:	0 30/ 45 04 20 38
	Fax:	0 30/ 45 04 26 32
4.	Name des Labors:	Labor für kartographische Reproduktion
	Leitung:	Prof. Dr. Ripke
	Telefon:	0 30/ 45 04 26 06
	Fax:	0 30/ 45 04 26 32
5	Name des Labors:	Labor für geodätische Messtechnik
	Leitung:	Prof. Kötter
	Telefon:	0 30/ 45 04 25 93
	Fax:	0 30/ 45 04 26 32

Studiengang Vermessungswesen

Übersicht über die Lehrfächer und Prüfungen
gemäß der Studien- und Prüfungsordnung vom: 30. Juni 1997

Lehrfach	Studienabschnitt			Prüfungsleistungen			
	Grund-studium V + Ü	Haupt-studium V + Ü	Vertiefungs-studium V + Ü	Grund-studium		Haupt-studium	
				Schein Beleg	Prü-fung	Schein Beleg	Prü-fung
Mathematik	16				schr.		
Geometrie	4				schr.		
Math.Stat./ Fehlerlehre/ Ausgleichsrechnung	4+2				schr.		
Grundl. der Informatik	10				schr.		
Physik, Optik, Elektronik	8				schr.		
Vermessungskunde/ Instrumentenkunde	12+8 5+5				schr.		
Ingenieurgeodäsie	4+4	4+4					schr.
Recht/ Verwaltungs-grundlagen	3				schr.		
Betriebswirtschaft	4				schr.		
Photogrammetrie/ Fern-erkundung/ Digitale Bildverarbeitung	2	4+4					schr.
Topographie/ Kartogra-phie/ Kartennetze	4+2				schr.		
Geoinformationssysteme		4+4					schr.
Höhere Geodäsie/ Landesvermessung		4+4					schr.
Ingenieurbau/ Wasser-bau/ Bauwesen	2	4+2					schr.
Siedlungswesen/ Landesplanung	4				schr.		
Organisationslehre/ Management/ Führungs- u. Bewerbungstraining		4					schr.

Lehrfach	Studienabschnitt			Prüfungsleistungen			
	Grund-studium V + Ü	Haupt-studium V + Ü	Vertiefungs-studium V + Ü	Grund-studium		Haupt-studium	
				Schein Beleg	Prü-fung	Schein Beleg	Prü-fung
Kataster/ Liegenschafts-wesen		4					schr.
Grundstücksbewertung		4					schr.
Technisches Englisch	2				schr.		
Seminare							schr.
Hauptvermessungs-übung/ Exkursionen	4						
Dauer der Diplomarbeit	3 Monate						

Hinweise und Anmerkungen

1. Vorpraktikum: - erforderlicher Umfang 13 Wochen bis zum Studienbeginn, wobei bis zu 5 Wochen bis zum Beginn des 4. Studiensemesters während der Semesterferien nachgeholt werden können.
2. Alle Prüfungen erfolgen studienbegleitend während der Vorlesungszeiten, wobei zwei Prüfungstermine zur Auswahl stehen.
3. Erläuterungen zum Vertiefungsstudium: Es existieren keine Vertiefungen.

Studienordnung für den Studiengang Vermessungswesen des Fachbereichs III der Technischen Fachhochschule Berlin (StO III V)

vom 30. Juni 1997

Auszüge

Maskuline Personenbezeichnungen in dieser Ordnung gelten ebenso für Personen weiblichen Geschlechts.

Gemäß § 71 Abs. 1, Satz 1, Nr. 1 des Berliner Hochschulgesetzes (BerlHG) in der Fassung vom 5.10.1995 (GVBl. S. 727), zuletzt geändert durch Gesetz vom 19.12.1997 (GVBl. S. 686), erläßt der Fachbereichsrat des Fachbereichs III die folgende Studienordnung für den Studiengang Vermessungswesen:

§ 1 Geltungsbereich

(1) Diese Ordnung gilt für Studierende, die ihr Studium im Studiengang Vermessungswesen nach dem Inkrafttreten dieser Ordnung im ersten Studienplansemester beginnen (Studienanfänger). Sie gilt ferner für Studierende, die aufgrund einer Anrechnung von Studienzeiten und Studienleistungen gemäß § 24 RPO II zeitlich so in den Studienablauf eingegliedert werden, daß ihr Studienstand dem Personenkreis gemäß Satz 1 entspricht.

§ 2 Geltung von Rahmenordnungen

Die Bestimmungen der Rahmenstudienordnung (RStO II) vom 28.11.1996 (A.M.6/97), der Ordnung für das praktische Studiensemester (OpraSt II) vom 28.11.1996 (A.M. 4/97) und der Ordnung für die praktische Vorbildung (OpraV) vom 7.11.1988 (A.M. 51/88) sind in der jeweils gültigen Fassung Bestandteil dieser Ordnung.

§ 3 Praktische Vorbildung

(1) Studienbewerber müssen grundsätzlich eine praktische Vorbildung im Umfang von 13 Wochen nachweisen. Eine abgeschlossene Berufsausbildung als Vermessungstechniker, Bergvermessungstechniker bzw. Facharbeiter für Vermessung ersetzt die praktische Vorbildung.

(2) Bis zur Immatrikulation sind mindestens 8 Wochen der praktischen Vorbildung nachzuweisen. Der Nachweis der restlichen praktischen Vorbildung muß bis zum Beginn des 4. Studienplansemesters erbracht werden.

§ 4 Zulassung zum Studium nach § 11 BerlHG

(1) Studienbewerber ohne Hochschulzugangsberechtigung werden nach Maßgabe des § 11 BerlHG vorläufig immatrikuliert. Die vorläufige Immatrikulation in zulassungsbeschränkten Studiengängen richtet sich nach dem jeweils geltenden Vergaberecht.

(2) Die für den Studiengang geeigneten Berufsausbildungen sind der Vermessungstechniker bzw. der Facharbeiter für Vermessung mit daran anschließender vierjähriger Berufserfahrung.

§ 5 Gliederung des Studiums

Das Studium umfaßt acht Studienplansemester (Regelstudienzeit). Das Grundstudium umfaßt ***vier*** Studienplansemester.

Das Hauptstudium umfaßt ***vier*** Studienplansemester. Das praktische Studiensemester ist das *fünfte* Studienplansemester. Im achten Studienplansemester findet die Abschlußprüfung statt.

§ 6 Studienplan, Stoffpläne

(1) Das Studium wird nach dem Studienplan durchgeführt.

(2) Zur näheren Erläuterung der Lehrziele in den einzelnen Studienfächern dienen Stoffpläne, durch die der Fachbereichsrat fachliche Mindestanforderungen festlegt.

§ 7 Durchführung des Lehrangebots

Die Pflicht-Lehrveranstaltungen des 1., 3., 5. und 7. Studienplansemesters werden jeweils nur im Wintersemester angeboten. Die Pflicht-Lehrveranstaltungen des 2., 4. und 6. Studienplansemesters werden jeweils nur im Sommersemester angeboten.

§ 8 Praktisches Studiensemester

Richtlinien für die inhaltliche Gestaltung des praktischen Studiensemesters sind in der Anlage 2 aufgeführt.

§ 9 Inkrafttreten

Diese Ordnung tritt am Tage nach der Veröffentlichung in den Amtlichen Mitteilungen der TFH Berlin in Kraft.

Von der Senatsverwaltung für Wissenschaft, Forschung und Kultur bestätigt am 3. 09. 1998 .

Anlage 2 zur StO III V

Richtlinien für die inhaltliche Gestaltung der praktischen Ausbildung für das praktische Studiensemester gemäß § 3 Abs.1 OpraSt II:

a) Ausbildungsbereiche und -inhalte für folgende Arbeitsbereiche sind für die praktische Ausbildung der Studenten besonders geeignet:
- Einrichtung und Fortführung des Liegenschaftskatasters,
- Schaffung und Erhaltung des Lage- und Höhenfestpunktfeldes,
- Topographische Aufnahmen,
- Planung, Absteckung und Überwachung von Bauvorhaben,
- Entwurf und Herstellung von Plänen und Karten,
- EDV im Vermessungswesen,
- Flurbereinigung und Planung im ländlichen Raum.

Die Ausbildungsinhalte ergeben sich weitgehend durch die Aufgaben und Möglichkeiten der Ausbildungsstellen.

b) Spezieller Ausbildungsplan

Der Ausbildungsplan für den einzelnen Praxisplatz soll vorsehen, daß der Student
- möglichst zwei verschiedene Arbeitsbereiche kennenlernt,
- in jedem Arbeitsbereich mindestens 8 Wochen tätig ist,
- an der Lösung ingenieurmäßiger Aufgaben oder Teilaufgaben unter Anleitung beteiligt wird und auch selbständig Arbeiten ausführt.

Prüfungsordnung für den Studiengang Vermessungswesen des Fachbereichs III der Technischen Fachhochschule Berlin

vom 30. Juni 1997

Gemäß § 71 Abs. 1, Satz 1, Nr. 1 des Berliner Hochschulgesetzes (BerlHG) in der Fassung vom 5.10.1995 (GVBl. S. 727), zuletzt geändert durch Gesetz vom 12.03.1997 (GVBl. S. 69), erläßt der Fachbereichsrat des Fachbereichs III die folgende Prüfungsordnung für den Studiengang Vermessungswesen:

§ 1 Geltungsbereich

(1) Diese Ordnung gilt für Studierende, die ihr Studium im Studiengang Vermessungswesen nach dem Inkrafttreten dieser Ordnung im ersten Studienplansemester beginnen (Studienanfänger). Sie gilt ferner für Studierende, die aufgrund einer Anrechnung von Studienzeiten und Studienleistungen gemäß § 24 RPO II zeitlich so in den Studienablauf eingegliedert werden, daß ihr Studienstand dem Personenkreis gemäß Satz 1 entspricht.

(2) Für Studierende, die nicht zu dem im Abs. 1 genannten Personenkreis gehören, gilt die Übergangsregelung zur Prüfungsordnung (ÜPrO III V).

§ 2 Geltung von Rahmenordnungen

Die Bestimmungen der Rahmenprüfungsordnung (RPO II) vom 16.1.1997 (A.M.5/97) und der Ordnung für das praktische Studiensemester (OpraSt II) vom 28.11.1996 (A.M. 4/97) sind in der jeweils gültigen Fassung Bestandteil dieser Ordnung.

§ 3 Fachgebundene Studienberechtigung

Studierende mit fachgebundener Studienberechtigung, die nach § 11 BerlHG vorläufig immatrikuliert sind und die endgültige Immatrikulation nicht erreichen, dürfen das Studium nicht weiterführen.

§ 4 Studienbegleitende Prüfungen

(1) Die Diplom-Vorprüfung wird studienbegleitend durchgeführt. Dazu soll in jedem der Fächer Nr. 2 bis 15 der Anlage 1 zur Studienordnung (siehe Übersicht über die Lehrveranstaltungen) pro Semester mindestens eine Klausur durchgeführt werden. Die Höchstdauer der durchgeführten Klausuren insgesamt beträgt dabei pro Fach 180 Minuten.

(2) Der studienbegleitende Teil der Diplom-Prüfung wird teilweise in Form von Klausuren durchgeführt. Dazu soll in jedem der Fächer Nr. 17 bis 25 der Anlage 1 zur Studienordnung pro Semester mindestens eine Klausur durchgeführt werden. Die Höchstdauer der durchgeführten Klausuren insgesamt beträgt dabei pro Fach 180 Minuten.

§ 5 Leistungsbeurteilung in Übungen

(1) Die im folgenden aufgeführten Übungen bilden mit den angegebenen Vorlesungen eine didaktische Einheit und werden undifferenziert beurteilt:

Studienfach	Vorlesung	Semester	Übungen	Semester
Instrumentenkunde (IK)	IK	1	IK	1 u. 2
Geodätische Rechenverfahren (GV)	GV	1 2 3	GV	1 2 3
Vermessungskunde (VK)	VK	1 2 3 4	VK	1 2 3 4 u. Hauptvermessungsübung
Kartographie (K)	K	4	K	4
Landesvermessung (LV)	LV	6 7	LV	6 7
Photogrammetrie und Fernerkundung (PuF)	PuF	6 7	PuF	6 7
Ingenieurvermessung (IV)	IV	6 7	IV	6 7

(2) In den nachfolgend aufgeführten Veranstaltungen sind die Übungen integraler Bestandteil der Vorlesung. Zu den Übungen werden unbenotete Teilleistungsnachweise gefordert.

Studienfach	Vorlesung/Übung im Semester
Elektronische Datenverarbeitung	2 3 4
Ausgleichungsrechnung	3
Geographische Informationssysteme	6 7
Verkehrswege- und Tiefbau	7

§ 6 Wiederholung von Leistungsnachweisen

Für alle Übungslehrveranstaltungen werden i.d.R. keine Prüfungsmöglichkeiten gemäß § 12 Abs. 5 RPO II am Beginn der Vorlesungszeit angeboten.

§ 7 Akademischer Grad

Mit dem erfolgreichen Abschluß des Studiums wird der akademische Grad

„Diplom-Ingenieur für Vermessungswesen (FH)“, abgekürzt: „Dipl.-Ing. (FH)“ bzw.
„Diplom-Ingenieurin für Vermessungswesen (FH)“, abgekürzt: „Dipl.-Ing. (FH)“

verliehen.

§ 8 Zeugnisse und Diplom-Urkunden

(1) Die zur Berechnung des Gesamtprädikats der Diplomprüfung notwendige Größe X1 ergibt sich durch:

X1=(O,5*H17+O,5*H18+H19+H20+H21+H22+H23+H24+H25+H26.A+H26.B) / 10

(2) Muster des Diplom-Vorprüfungszeugnisses, des Diplom-Zeugnisses und der Diplom-Urkunden sind als Anlagen Bestandteil dieser Ordnung.

§ 9 Inkrafttreten

Diese Ordnung tritt am Tage nach der Veröffentlichung in den Amtlichen Mitteilungen der TFH Berlin in Kraft.

Von der Senatsverwaltung für Wissenschaft, Forschung und Kultur bestätigt am 3. 9.1998

Technische Fachhochschule Berlin
Studiengang Kartographie

Übersicht über die Lehrfächer und Prüfungen
gemäß der Studien- und Prüfungsordnung vom: 17. Juni 1998

Lehrfach	Studienabschnitt			Prüfungsleistungen			
	Grund-studium V + Ü	Haupt-studium V + Ü	Vertiefungs-studium V + Ü	Grund-studium		Haupt-studium	
				Schein Beleg	Prü-fung	Schein Beleg	Prü-fung
Mathematik	10				x		
Darstellende Geometrie	4				x		
Grafik-Design	2				x		
Kartengrafik	2				x		
Grundlagen der Kartographie	4				x		
Topographische Kartographie	4				x		
Thematische Kartographie	6				x		
Verlagskartographie	4				x		
Zeichentechniken	4				x		
Geländedarstellung	4				x		
Reproduktionstechnik	14				x		
Computerkartographie	8				x		
Desktop Mapping	8				x		
Kartennetzlehre	4				x		
Geographie	6				x		
Statistik in der Kartographie	2				x		
GIS	6				x		
Vermessungskunde	8				x		
Technisches Englisch	4				x		
Betriebswirtschaftslehre	2				x		
Allgemeinwissenschaft-liche Ergänzungsfächer	8				x		

Lehrfach	Studienabschnitt			Prüfungsleistungen			
	Grund-studium V + Ü	Haupt-studium V + Ü	Vertiefungs-studium V + Ü	Grund-studium		Haupt-studium	
				Schein Beleg	Prü-fung	Schein Beleg	Prü-fung
Auswertung von Erfahrungen am Arbeitsplatz		2					x
Entwicklungstendenzen in der Kartographie		4					x
Thematische Kartengestaltung		12					x
Kartographische Produktkonzeption		4					x
GIS-Anwendungen		12					x
Betriebssteuerung		2					x
Photogrammetrie		6					x
Fernerkundung		6					x
Multimedia Kartographie		6					x
Diplomseminar		2					x
Wahlpflichtfach I		4					x
Wahlpflichtfach II		4					x

Hinweise und Anmerkungen

1. Vorpraktikum: - erforderlicher Umfang 13 Wochen bis zum Studienbeginn.
2. Alle Prüfungen erfolgen studienbegleitend während der Vorlesungszeiten.
3. Erläuterungen zum Vertiefungsstudium: Es existieren keine Vertiefungen.

Studienordnung für den Studiengang Kartographie des Fachbereichs III der Technischen Fachhochschule Berlin (StO III K)

vom 17. Juni 1998

Auszüge

Maskuline Personenbezeichnungen in dieser Ordnung gelten ebenso für Personen weiblichen Geschlechts.

Gemäß § 71 Abs. 1, Satz 1, Nr. 1 des Berliner Hochschulgesetzes (BerlHG) in der Fassung vom 5.10.1995 (GVBl. S.727), zuletzt geändert durch Gesetz vom 19.12.1997 (GVBl. S. 686), erläßt der Fachbereichsrat des Fachbereichs III die folgende Studienordnung für den Studiengang Kartographie:

§ 1 Geltungsbereich

(1) Diese Ordnung gilt für Studierende, die ihr Studium im Studiengang Kartographie nach dem Inkrafttreten dieser Ordnung im ersten Studienplansemester beginnen (Studienanfänger). Sie gilt ferner für Studierende, die aufgrund einer Anrechnung von Studienzeiten und Studienleistungen gemäß § 24 RPO II zeitlich so in den Studienablauf eingegliedert werden, daß ihr Studienstand dem Personenkreis gemäß Satz 1 entspricht.

§ 2 Geltung von Rahmenordnungen

Die Bestimmungen der Rahmenstudienordnung (RStO II) vom 28.11.1996 (A.M. 6/97), der Rahmenprüfungsordnung (RPO II) vom 16.01.1997 (A.M. 5/97), der Ordnung für das praktische Studiensemester (OpraSt II) vom 28.11.1996 (A.M. 4/97) und den Grundsätzen für das Vorpraktikum (RVpO II) vom 16. April 1998 (A.M. 8/98) sind in der jeweils gültigen Fassung Bestandteil dieser Ordnung.

§ 3 Praktische Vorbildung

Studienbewerber müssen grundsätzlich eine praktische Vorbildung im Umfang von 13 Wochen nachweisen. Bis max. fünf Wochen können während der Semesterferien bis zum Beginn des 2. Studienplansemesters nachgeholt werden.
Näheres regelt die Anlage 2.

§ 4 Zulassung zum Studium nach § 11 BerlHG

(1) Studienbewerber ohne Hochschulzugangsberechtigung werden nach Maßgabe des § 11 BerlHG vorläufig immatrikuliert. Die vorläufige Immatrikulation in zulassungsbeschränkten Studiengängen richtet sich nach dem jeweils geltenden Vergaberecht.

(2) Die für den Studiengang geeignete Berufsausbildung ist der Kartograph und der Kartographiefacharbeiter mit daran anschließender mindestens vierjähriger Berufserfahrung.

(3) Über die inhaltliche Vergleichbarkeit anderer Berufsausbildungen entscheidet der Dekan.

§ 5 Gliederung des Studiums

Das Studium umfaßt acht Studienplansemester (Regelstudienzeit). Das Grundstudium umfaßt vier Studienplansemester. Das Hauptstudium umfaßt vier Studienplansemester. Das praktische Studiensemester ist das fünfte Studienplansemester. Im achten Studienplansemester findet die Abschlußprüfung (Diplomarbeit und mündliche Diplomprüfung) statt.

§ 6 Studienplan

(1) Das Studium wird nach dem Studienplan gemäß Anlage 1 zur StO III K durchgeführt.

(2) Festlegungen zu den Wahlpflicht-Lehrveranstaltungen:

(2.1) Aus dem Angebot der allgemeinwissenschaftlichen Ergänzungsfächer des Fachbereichs 1 müssen Lehrveranstaltungen im Umfang von acht Semesterwochenstunden (SWS) erfolgreich abgeschlossen werden. Es wird empfohlen, Lehrveranstaltungen aus dem Bereich Wirtschafts-, Rechts- und Arbeitswissenschaften zu wählen.

(2.2) Die Wahlpflichtfächer H11 und H12 von je 4 SWS im Hauptstudium sind aus einem Fächerkatalog zu wählen, der die folgenden Studienfächer umfaßt:

- Kartenverwandte Darstellungen
- Kartographie im Internet
- Pressekartographie
- Anwendungen der Fernerkundung
- Anwendungen multimedialer Kartographie

Das Angebot an WP-Fächern kann vom Fachbereichsrat geändert werden. Grundsätzlich besteht kein Anspruch auf Durchführung einer angebotenen WP-Lehrveranstaltung bei einer angemeldeten Teilnehmerzahl von weniger als acht Studierenden.

§ 7 Durchführung des Lehrangebots

Die Pflicht-Lehrveranstaltungen des 1., 3., 5. und 7. Studienplansemesters werden jeweils nur im Wintersemester angeboten. Die Pflicht-Lehrveranstaltungen des 2., 4. und 6. Studienplansemesters werden jeweils nur im Sommersemester angeboten.

§ 8 Praktisches Studiensemester

Richtlinien für die inhaltliche Gestaltung des praktischen Studiensemesters sind in der Anlage 3 aufgeführt.

§9 Inkrafttreten

Diese Ordnung tritt am Tage nach der Veröffentlichung in den Amtlichen Mitteilungen der TFH Berlin in Kraft.

Anlage 2 zur StO 111 K

Praktische Vorbildung für den Studiengang Kartographie des Fachbereichs III der TFH Berlin

Tätigkeiten und Kenntnisse, die als praktische Vorbildung anerkannt werden können:

- Manuelle Zeichenfertigkeiten
- Erweiterte Kenntnisse im Umgang mit Computern
- Grundkenntnisse im Umgang mit Grafikprogrammen
- Rechnergestützte Erfassung räumlicher Daten
- Kartographische Bearbeitung von Raumdaten
- Grundlagen der Geoinformationssysteme
- Datenausgabe

Geeignete Einrichtungen für die praktische Vorbildung sind z.B.:

- Kartographische Einrichtungen des amtlichen oder privatwirtschaftlichen Bereichs
- Ingenieurbüros mit Schwerpunkt Vermessungstechnik, Photogrammetrie, Stadt-, Regional- und Umweltplanung
- Geowissenschaftliche Hochschulinstitute
- Verlagshäuser mit kartographischer Abteilung

Über die Anerkennung entscheidet der Beauftragte für die praktische Vorbildung des Studiengangs Kartographie.

Anlage 3 zur StO 111K

Richtlinien für die inhaltliche Gestaltung des praktischen Studiensemesters

Arbeitsbereiche, die für die Tätigkeit von Studierenden im Rahmen des praktischen Studiensemesters geeignet sind:

a) Ausbildungbereiche und -inhalte

1. Redaktionelle Arbeitsvorbereitungen,
2. rechnergestützte Datenerfassung, Datenverarbeitung und Datenausgabe,
3. konventionelle und / oder digitale Konstruktion und Entwürfe,
4. Mitwirkung bei der Projektierung komplexer kartographischer Objekte,
5. Korrekturlesung und Kontrolle,
6. Geo-Informationssysteme,
7. Bildretusche, Bild- und Textbearbeitung, Ganzseitenbearbeitung
8. Interpretation von Luft- und/oder Satellitenbilddaten.

Die Ausbildungsinhalte ergeben sich weitgehend durch die Aufgaben der verschiedenen Betriebsbereiche und die Möglichkeiten der Ausbildungsstätten.

b) Spezieller Ausbildungsplan

Der Ausbildungsplan für den einzelnen Praxisplatz soll vorsehen, daß der Studierende

- in der Regel zwei verschiedene Arbeitsbereiche kennenlernt,
- in jedem Arbeitsbereich mindestens sechs Wochen tätig ist,
- eine Erläuterung des jeweiligen Arbeitsbereichs in den gesamten Betriebsablauf erhält und
- an der Lösung klar beschriebener ingenieurmäßiger Aufgaben oder Teilaufgaben unter Anleitung beteiligt wird, wobei das von dem Studierenden im bisherigen Studium erworbene Wissen angemessen zu berücksichtigen ist.

Prüfungsordnung für den Studiengang Kartographie des Fachbereichs III der Technischen Fachhochschule Berlin (PrO III K)

vom 17. Juni 1998

Auszüge

Maskuline Personenbezeichnungen in dieser Ordnung gelten ebenso für Personen weiblichen Geschlechts.

Gemäß § 71 Abs. 1, Satz 1, Nr. 1 des Berliner Hochschulgesetzes (BerlHG) in der Fassung vom 5.10.1995 (GVBl. S.727), zuletzt geändert durch Gesetz vom 19.12.1997 (GVBl. S. 686), erläßt der Fachbereichsrat des Fachbereichs III die folgende Prüfungsordnung für den Studiengang Kartographie, die von der Senatsverwaltung für Wissenschaft, Forschung und Kultur am 7. September 1998 bestätigt wurde:

§ 1 Geltungsbereich

(1) Diese Ordnung gilt für Studierende, die ihr Studium im Studiengang Kartographie nach dem Inkrafttreten dieser Ordnung im ersten Studienplansemester beginnen (Studienanfänger). Sie gilt ferner für Studierende, die aufgrund einer Anrechnung von Studienzeiten und Studienleistungen gemäß § 24 RPO II zeitlich so in den Studienablauf eingegliedert werden, daß ihr Studienstand dem Personenkreis gemäß Satz 1 entspricht.

§ 2 Geltung von Rahmenordnungen

Die Bestimmungen der Rahmenprüfungsordnung (RPO II) vom 16.1.1997 (AM. 5/97) und der Ordnung für das praktische Studiensemester (OpraSt II) vom 28.11.1996 (AM. 4/97) sind in der jeweils gültigen Fassung Bestandteil dieser Ordnung.

§ 4 Leistungsbeurteilungen in Übungen

(1) Die nachfolgend aufgeführten Lehrveranstaltungen bestehen aus einem Vorlesungs- und Übungsteil. Die Lehrveranstaltungsnote ergibt sich ausschließlich durch die differenzierte Beurteilung des Übungsteils:

Verlagskartographie	(4. Semester)
Geländedarstellung	(4. Semester)
Thematische Kartengestaltung II	(7. Semester)

(2) Die nachfolgend aufgeführten Lehrveranstaltungen bestehen aus einem Vorlesungs- und einem integrierten Übungsteil. Voraussetzung für die Teilnahme am Leistungsnachweis ist die erfolgreiche Teilnahme an den Übungen.

Reproduktionstechnik I	(1. Semester)
Computerkartographie I	(1. Semester)
Desktop-Mapping I	(2. Semester)
Vermessungskunde II	(4. Semester)
GIS-Anwendungen I	(6. Semester)

§ 5 Prüfungen zu Beginn der Vorlesungszeit

(1) Für Übungslehrveranstaltungen werden in der Regel keine Prüfungsmöglichkeiten gemäß § 12 (5) RPO II am Beginn der Vorlesungszeit angeboten. Hiervon ausgenommen sind die Übungslehrveranstaltungen Desktop-Mapping II (3. Semester) und Desktop-Mapping III (4. Semester).

(2) Für die in § 4 (1) aufgeführten Lehrveranstaltungen sowie für die Lehrveranstaltungen Zeichentechniken (1. Semester) und Kartographische Produktkonzeption (7. Semester) wird eine Prüfungsmöglichkeit am Beginn der Vorlesungszeit ausgeschlossen.

§ 6 Abschlußprüfung

Die Abschlußprüfung besteht aus einem schriftlichen Teil (Diplomarbeit) und der mündlichen Diplomprüfung.

§ 7 Zulassung zur Diplomarbeit

(1) Die Zulassung zur Diplomarbeit erfolgt gemäß § 17 RPO II.

(2) Eine Zulassung auf zusätzlichen Antrag erfolgt nur, wenn die Lehrveranstaltungsnoten von höchstens drei Studienfächern mit zusammen höchstens sechs Semesterwochenstunden fehlen und der erfolgreiche Abschluß dieser Studienfächer im darauffolgenden Semester möglich und zu erwarten ist. Die noch fehlenden Leistungsnachweise dürfen nicht dem Thema der Diplomarbeit unmittelbar fachlich zugeordnet sein.

§ 8 Gesamtprädikat der Diplomprüfung

Das Diplom-Zeugnis weist ein Gesamtprädikat gemäß § 22 RPO II aus, zu dessen Festlegung ein gewichtetes Mittel X gemäß der Formel:

$$\mathbf{X = 0{,}6\,X_1 + 0{,}25\,X_2 + 0{,}15X_3}$$

gebildet wird.

Für die Größe X_1 gilt die folgende Berechnungsformel:

$$\mathbf{X_1} = 1/30\,[2 \times H2 + 6 \times H3 + 2 \times H4 + 6 \times H5 + H6 + 3 \times H7 + 3 \times H8 + 3 \times H9 + 2 \times H11 + 2 \times H12]$$

Hierbei bedeuten:

H2: Entwicklungstendenzen in der Kartographie
H3: Thematische Kartengestaltung
H4: Kartographische Produktkonzeption
H5: GIS-Anwendungen
H6: Betriebssteuerung (Controlling)
H7: Photogrammetrie
H8: Fernerkundung
H9: Multimediale Kartographie
H11: WP-Fach I
H12: WP-Fach II

X_2 = Note der differenzierten Beurteilung der Diplomarbeit

X_3 = Note der differenzierten Beurteilung der mündlichen Diplomprüfung

§ 10 Akademischer Grad

Mit dem erfolgreichen Abschluß des Studiums wird der akademische Grad

„Diplom-Ingenieur für Kartographie (FH), abgekürzt: „Dipl.-Ing. (FH)“ bzw. Diplom-Ingenieurin für Kartographie (FH)“, abgekürzt: „Dipl.-Ing. (FH)“ verliehen.

§ 11 Inkrafttreten

Diese Ordnung tritt am Tage nach der Veröffentlichung in den Amtlichen Mitteilungen der TFH Berlin in Kraft.

Fachhochschule Bochum
Hochschule für Technik und Wirtschaft

Studiengang	**Vermessungswesen**
Fachbereich:	**Vermessungswesen und Geoinformatik**
Dekan:	Prof. Dr.-Ing. Hanns-Severin Haase
Prodekan:	Prof. Dr.-Ing. Manfred Bäumker
Studienberatung:	Prof. Dr.-Ing. Manfred Bäumker
Anschrift:	Fachhochschule Bochum FB Vermessungswesen und Geoinformatik Lennershofstr. 140 **44801 Bochum**
Telefon:	02 34/ 3 21 05 00
Fax:	02 34/ 3 21 42 23
E-Mail:	FB5@FH-BOCHUM.de
homepage:	http://www.fh-bochum.de/fb5/

Summe der Professoren auf Planstellen	14
Summe der Lehrbeauftragten (Studium)	6
Summe der Laboringenieure auf Planstellen	5
Summe der Technischen Mitarbeiter auf Planstellen	5

Studenten:	**1996**	**1997**	**1998**	**1999**
Studienanfänger:	45	30	34	44
Absolventen:	54	32	45	45
Regelstudienzeit:	7 Semester			
davon Praxissemester:	0			
Vorpraktikum:	3 Monate (Grundpraktikum)			

Labore

1.	Name des Labors:	Labor für Instrumentenprüfung und Längenmessung
	Leitung:	Prof. Dr.-Ing. H.-P. Fitzen
	Telefon:	02 34/ 3 21 70 12

2.	Name des Labors:	Labor für Photogrammetrie
	Leitung:	Prof. Dr.-Ing. F.-J. Heimes
	Telefon:	02 34/ 3 21 70 34/ 70 39
3.	Name des Labors:	Labor für Kartographie und Reprotechnik
	Leitung:	Prof. Dr.-Ing. R. Schweißthal
	Telefon:	02 34/ 3 21 70 24/ 70 25
4.	Name des Labors:	Labor für Datenverarbeitung
	Leitung:	Prof. Dipl.-Ing. K. Augustin
	Telefon:	02 34/ 3 21 70 17/ 70 15
5.	Name des Labors:	Labor für Geoinformatik
	Leitung:	Prof. Dr.-Ing. F. J. Lohmar
	Telefon:	02 34/ 3 21 70 36
6.	Name des Labors:	Labor für Ingenieurvermessung
	Leitung:	Prof. Dr. Fitzen/ Prof. Dr. Hahn/ Kaspring
	Telefon:	02 34/ 3 21 70 12/ 70 35/ 70 37
7.	Name des Labors:	Labor für physikalische Meßtechnik
	Leitung:	Prof. Dr.-Ing. M. Bäumker
	Telefon:	02 34/ 3 21 70 23
8.	Name des Labors:	Labor für Liegenschafts- und Planungswesen
	Leitung:	Prof. Dr.-Ing. R. Puruckherr
	Telefon:	02 34/ 3 21 70 27
9.	Name des Labors:	Labor für Geräteüberwachung und Geräteausgabe
	Leitung:	Dekan, z. Z. Prof. Dr.-Ing. Haase
	Telefon:	02 34/ 3 21 05 00

Studiengang Vermessungswesen

Übersicht über die Lehrfächer und Prüfungen gemäß der Studien- und Prüfungsordnung vom: 30.04.1996 bzw. 01.08.1995

Lehrfach	Studienabschnitt			Prüfungsleistungen			
	Grund-studium V + Ü	Haupt-studium V + Ü	Vertiefungs-studium V + Ü	Grund-studium		Haupt-studium	
				Schein Beleg	Prü-fung	Schein Beleg	Prü-fung
Mathematik/ Darstellende Geometrie	17/2			1	1		
Math.Stat./ Fehlerlehre/ Ausgleichsrechnung	7	2			1		
Grundl. der Informatik	2	7		1			
Physik, Optik, Elektronik	7				1		
Vermessungskunde/ Instrumentenkunde	14/12				2		
Ingenieurgeodäsie		15	a) 12				1
Recht/ Verwaltungs-grundlagen	4			1			
Photogrammetrie		7	c) 9				1
Topographie/ Karto-graphie/ Kartennetze		6/3	c) 6			1	1
Geoinformatik		7					1
Höhere Geodäsie/ Landesvermessung		11					1
Landesplanung/ Bodenordnung		3	b) 6				
Kataster/ Liegenschaftswesen		5	b) 5				1
Geodät. Berechnungen	7	4		2			
Technisches Englisch	4			1			
Ländliche Neuordnung		2	b) 4				
Baukunde		2	a) 3			1	
Dauer der Diplomarbeit	3 Monate						

Hinweise und Anmerkungen:

Kein praktisches Studiensemester, aber 26 Wochen praktische, fachbezogene Tätigkeiten als Studienvoraussetzung. Davon sind 13 Wochen als Grundpraktikum vor Studienbeginn und weitere 13 Wochen als Fachpraktikum bis zum Beginn des vierten Studiensemesters nachzuweisen.
Im Rahmen des Hauptstudiums werden die Vertiefungen

a) Ingenieurvermessung,
b) Liegenschafts- und Planungswesen und
c) Photogrammetrie und Kartographie

angeboten, aus denen jeder Studierende eine Vertiefung zu wählen hat. In jeder Vertiefungsrichtung ist eine Fachprüfung abzulegen.

Studienordnung (StO) für den Studiengang Vermessungswesen des Fachbereiches Vermessungswesen (5) an der Fachhochschule Bochum

vom 30. April 1996

Auszüge

Maskuline Personenbezeichnungen in dieser Ordnung gelten ebenso für Personen weiblichen Geschlechts.

1. Geltungsbereich; Grundlagen der Studienordnung

1.1 Diese Studienordnung gilt für den Studiengang Vermessungswesen des Fachbereiches Vermessungswesen an der Fachhochschule Bochum. Sie regelt Inhalt und Aufbau des Studiums im Studiengang Vermessungswesen.

1.2 Grundlagen dieser Ordnung sind:
Das Gesetz über die Fachhochschulen im Lande Nordrhein-Westfalen (FHG) in der Fassung der Bekanntmachung vom 03. August 1993 zuletzt geändert am 07. März 1995 (GV. NW. S. 192),
die Verordnung zu quantitativen Eckdaten für Studium und Prüfungen in Fachhochschulstudiengängen (Eck-VO FH) vom 17.März 1994 (GV. NW. S. 138),
die Einschreibungsordnung der Fachhochschule Bochum vom 02. Januar 1995 (GABl. NW. S. 55),
die Diplomprüfungsordnung für den Studiengang Vermessungswesen des Fachbereichs Vermessungswesen der Fachhochschule Bochum vom 01. August 1995.

2. Zugangs- und Einschreibungsvoraussetzungen

2.1 Als Voraussetzung für das Studium im Studiengang Vermessungswesen wird neben der Fachhochschulreife der Nachweis einer praktischen Tätigkeit gefordert.

2.2 Zum Studium berechtigen das Abschlußzeugnis:
a) - einer Fachoberschule für Technik, Fachrichtung Vermessungswesen; in diesem Falle gilt der Nachweis einer praktischen Tätigkeit als erbracht.
b) - einer Fachoberschule für Technik anderer Fachrichtungen,
- einer Fachoberschule anderen Typs,
- einer zweijährigen Höheren Handelsschule und ein einjähriges einschlägiges gelenktes Praktikum oder eine einschlägige abgeschlossene Berufsausbildung,
- der Klasse 12 einer weiterführenden allgemeinbildenden Schule und ein einjähriges gelenktes Praktikum oder eine abgeschlossene Berufsausbildung,
- der Klasse 13 einer weiterführenden allgemeinbildenden Schule (Abitur)
oder
- gleichwertige Zeugnisse.

2.3 Zusätzlich zu den unter 2.2 b) genannten Qualifikationen wird ein halbjähriges, auf den Studiengang Vermessungswesen bezogenes Praktikum gefordert. Dieses besteht aus einem dreimonatigen Grund- und einem dreimonatigen Fachpraktikum. Das Grundpraktikum ist vor Beginn des Studiums zu erbringen. Das Fachpraktikum ist bis zum Beginn des 4. Studiensemesters nachzuweisen.

Zur Ausbildung von Praktikanten kommen alle Behörden, Betriebe und Personen in Betracht, die auch zur Einstellung Auszubildender für den Beruf „Vermessungstechnik“ befugt sind.

2.5 Auf das Grundpraktikum und das Fachpraktikum werden Zeiten einer einschlägigen Berufsausbildung, einschlägiger Tätigkeiten im Rahmen der Ausbildung in Klasse 11 der Fachoberschule bzw. im Wehrdienst oder Ersatzdienst, Entwicklungsdienst oder einschlägiger Tätigkeiten im Rahmen des dem Erwerb der Zugangsberechtigung dienenden Jahrespraktikums ganz oder teilweise angerechnet.

3. Studienbeginn; Studienaufbau; Gliederung des Studiums

3.1 Das Studium beginnt jeweils im Wintersemester. Die Regelstudienzeit beträgt einschließlich aller Prüfungen 7 Semester.

3.2 Der Studiengang Vermessungswesen gliedert sich in das dreisemestrige Grund- und das viersemestrige Hauptstudium. Das Grundstudium schließt mit der Diplomvorprüfung (Fachprüfungen des Grundstudiums), das Hauptstudium mit der Diplomprüfung (Fachprüfungen des Hauptstudiums, Diplomarbeit und Kolloquium) ab.

3.3 Das Gesamtstudienvolumen für beide Studienabschnitte beträgt 165 Semesterwochenstunden (SWS). Hiervon entfallen 153 SWS auf den Pflichtbereich und 12 SWS auf wahlfreie Lehrveranstaltungen. Das Grundstudium umfaßt im Pflichtbereich 70 SWS, das Hauptstudium (einschließlich Vertiefung) 83 SWS.

4. Vertiefungen im Hauptstudium

4.1 Im Hauptstudium werden folgende Vertiefungen im Umfang von jeweils 15 SWS angeboten, aus denen jeder Studierende eine Vertiefung entsprechend den persönlichen Neigungen und speziellen Berufswünschen auswählen muß:
1. Ingenieurvermessung
2. Liegenschafts- und Planungswesen
3. Photogrammetrie und Kartographie.

4.2 Die Wahl muß vor Beginn des fünften Fachsemesters erfolgen.

5. Lehrveranstaltungsarten

5.1 Im Studiengang Vermessungswesen sind folgende Lehrveranstaltungsarten vorgesehen:
Vorlesung (V), Übung (Ü), Praktikum (P), Seminar (S) und Exkursion (E).

9. Wahlfreie Lehrveranstaltungen

Im Rahmen des Studiums wird den Studierenden die Möglichkeit gegeben, an zusätzlichen Lehrveranstaltungen auch in anderen Studiengängen teilzunehmen (Wahlfreie Lehrveranstaltungen WfL). Hierfür sind im Gesamtstudienvolumen 12 SWS vorgesehen.
Von Seiten des Fachbereichs werden derzeit folgende Veranstaltungen angeboten:

1. Mathematik (Refresh)	2 SWS (2 Ü)
2. Technisches Englisch	4 SWS (4 S)
3. PC-Grundlagen	2 SWS (1 V, 1 Ü)
4. Umwelttechnik	2 SWS (2 S)
5. Datenschnittstelle bei geodätischen Geräten	1 SWS (1 S)

12. Inkrafttreten

12.1 Diese Studienordnung tritt mit Wirkung vom 01.09.1995 in Kraft.

Ausgefertigt aufgrund der Beschlüsse des Fachbereichsrates des Fachbereichs Vermessungswesen vom 13.02.1996 und des Senats der Fachhochschule Bochum vom 22.04.1996 sowie der Genehmigung des Rektors vom 30.04.1996.

Bochum, den 30. April 1996

Diplomprüfungsordung (DPO) für den Studiengang „Vermessungswesen“ des Fachbereiches Vermessungswesen (5) an der Fachhochschule Bochum

vom 01. August 1995

Aufgrund des § 2 Abs. 4 und des § 61 Abs. 1 des Gesetzes über die Fachhochschulen im Lande Nordrhein-Westfalen (FHG) in der Fassung der Bekanntmachung vom 03. August 1993 (GV. NW. S. 564), zuletzt geändert am 07. März 1995 (GV. NW. S. 192), hat die Fachhochschule Bochum die folgende Diplomprüfungsordnung als Satzung erlassen:

Inhaltsübersicht:

Auszüge

Maskuline Personenbezeichnungen in dieser Ordnung gelten ebenso für Personen weiblichen Geschlechts.

I. Allgemeine Regelungen

§ 1 Geltungsbereich der Diplomprüfungsordnung, Studienordnung

(1) Diese Prüfungsordnung gilt für den

Studiengang Vermessungswesen des Fachbereiches Vermessungswesen an der Fachhochschule Bochum. Sie regelt die Diplomvorprüfung und die Diplomprüfung in diesem Studiengang.

§ 2 Ziel des Studiums, Zweck der Diplomprüfung, Diplomgrad

(2) Die bestandene Diplomprüfung bildet den Abschluß des berufsbefähigenden Studiums.

(3) Aufgrund der bestandenen Diplomprüfung verleiht die Fachhochschule Bochum den akademischen Grad "Diplom-Ingenieurin" bzw. "Diplom-Ingenieur" mit dem Zusatz "Fachhochschule", abgekürzt "Dipl.-Ing. (FH)".

§ 3 Regelstudienzeit, Gliederung des Studiums, Studienumfang

(1) Das Studium umfaßt eine Regelstudienzeit von 7 Semestern und beginnt jährlich mit dem Wintersemester.

§ 4 Praktische Tätigkeit als Studienvoraussetzung

(1) Als Voraussetzung für die Aufnahme des Studiums wird neben der Fachhochschulreife oder einer als gleichwertig anerkannten Vorbildung der Nachweis einer praktischen, fachbezogenen Tätigkeit von insgesamt 26 Wochen Dauer gefordert. Davon sind 13 Wochen als Grundpraktikum und 13 Wochen als Fachpraktikum abzuleisten. Die Dauer dieser praktischen Tätigkeit wird auf die Regelstudienzeit nicht angerechnet.

(2) Der Nachweis des Grund- und Fachpraktikums gilt als erbracht, wenn der Studienbewerber die Qualifikation für das Studium durch das Zeugnis der Fachhochschulreife einer Fachoberschule für Technik in der Fachrichtung Vermessungswesen erworben hat. Studienbewerber, die die Qualifikation für das Studium auf andere Weise erworben haben, müssen sowohl das Grund- als auch das Fachpraktikum leisten. Einschlägige Ausbildungs- und Berufstätigkeiten werden auf die Praktika angerechnet.

(3) Das Grundpraktikum ist vor Aufnahme des Studiums abzuleisten und bei der Einschreibung nachzuweisen. Da die Aufnahme des Studiums nur im Wintersemester möglich ist (Jahresrhythmus), kann die Fachhochschule Bochum bei nur teilweise abgeleistetem Grundpraktikum in begründeten Fällen eine Ausnahme von Satz 1 zulassen.

(4) Das Fachpraktikum ist spätestens bis zum Beginn des vierten Studiensemesters nachzuweisen.

§ 5 Prüfungen, Prüfungstermine

(1) Die Diplomvorprüfung schließt das Grundstudium ab. Das Nähere ergibt sich aus § 16 und § 17.

(2) Die Diplomprüfung besteht aus den in § 19 genannten studienbegleitend abgelegten Fachprüfungen des Hauptstudiums und der Diplomarbeit mit dem Kolloquium. Die Diplomprüfung wird ergänzt durch die Leistungsnachweise (§ 19). Mit der bestandenen Diplomprüfung ist das Studium des Studiengangs Vermessungswesen abgeschlossen.

(4) Fachprüfungen finden in der Regel im Anschluß an die Vorlesungszeit des Semesters statt, in dem die jeweilige Lehrveranstaltung gemäß Studienplan abschließt.

(6) Prüfungen können vor den in der Studienordnung vorgesehenen Zeitpunkten abgelegt werden, wenn die jeweiligen Prüfungsvoraussetzungen erfüllt sind.

§ 6 Fachprüfungen, Leistungsnachweise; Wiederholung

(1) Eine Fachprüfung ist eine Prüfungsleistung in Form einer Klausurarbeit von zwei bis maximal vier Stunden Dauer.

(2) Fachprüfungen werden nach § 14 Abs. 3 bewertet. Nicht bestandene Fachprüfungen können zweimal wiederholt werden. Eine mindestens als "ausreichend" (4,0) bewertete Prüfungsleistung kann außer beim Freiversuch (§ 9) nicht wiederholt werden.

(3) Ein Leistungsnachweis ist die Bescheinigung über jeweils eine gemäß dieser Prüfungsordnung als Zulassungsvoraussetzung für die Diplomvorprüfung oder Diplomprüfung geforderte individuell erkennbare Studienleistung, die inhaltlich auf eine Lehrveranstaltung von höchstens 4 SWS oder auf eine einsemestrige Lehrveranstaltung bezogen ist. Solche Studienleistungen sind insbesondere Klausur, Referat, Hausarbeit, Studienarbeit oder mündliche Prüfung.

§ 9 Freiversuch

(1) Legt ein Prüfling innerhalb der Regelstudienzeit zu dem in Anlage 1 vorgesehenen Zeitpunkt und nach ununterbrochenem Studium eine Fachprüfung des Grundstudiums oder des Hauptstudiums ab und besteht er diese Prüfung nicht, so gilt sie als nicht unternommen (Freiversuch). Ein zweiter Freiversuch ist ausgeschlossen.

(5) Wer eine Fachprüfung bei Vorliegen der Voraussetzungen bestanden hat, kann zur Verbesserung der Fachnote die Prüfung an derselben Hochschule einmal wiederholen. Der Antrag auf Zulassung ist zum nächsten Prüfungstermin zu stellen.

(6) Erreicht der Prüfling in der Wiederholungsprüfung eine bessere Note, so wird diese Note der Berechnung der Gesamtnote der Hochschulabschlußprüfung zugrundegelegt.

§ 12 Anrechnung von Studien- und Prüfungsleistungen

(1) Studienzeiten im Studiengang Vermessungswesen an anderen Hochschulen gemäß § 1 Hochschulrahmengesetz und dabei erbrachte Studien- und Prüfungsleistungen werden von Amts wegen angerechnet. In Zweifelsfällen stellt der Prüfungsausschuß die Gleichwertigkeit fest. Die an einer anderen Hochschule erbrachte Diplomvorprüfung wird anerkannt, wenn sie im Grundstudium wenigstens drei theoretische Studiensemester umfaßt.

§ 14 Bewertung von Prüfungsleistungen

(1) Prüfungsleistungen sind durch Noten differenziert zu beurteilen. Prüfungsleistungen in Hochschulabschlußprüfungen und in Prüfungen, deren Bestehen Voraussetzung für die Fortsetzung des Studiums ist, sind von zwei Prüferinnen oder Prüfern zu bewerten; mündliche Prüfungen auch von einem Prüfer nach Anhörung des sachkundigen Beisitzers.

(3) Für die Bewertung der Prüfungsleistungen sind folgende Noten zu verwenden:
1 = sehr gut = eine hervorragende
Leistung;

2 = gut = eine Leistung, die erheblich über den durchschnittlichen Anforderungen liegt;
3 = befriedigend = eine Leistung, die durchschnittlichen Anforderungen entspricht;
4 = ausreichend = eine Leistung, die trotz Mängel noch den Anforderungen genügt;
5 = nicht ausreichend = eine Leistung, die wegen erheblicher Mängel den Anforderungen nicht mehr genügt.

Zur weiteren Differenzierung der Bewertung können um 0.3 verminderte oder erhöhte Notenziffern verwendet werden; die Noten 0.7, 4.3, 4.7 und 5.3 sind ausgeschlossen. Prüfungsleistungen sind bestanden, wenn sie mit mindestens "ausreichend" (4,0) bewertet worden sind.

II. Grundstudium

§ 16 Fachprüfungen und Leistungsnachweise des Grundstudiums

(1) Die Diplomvorprüfung schließt das Grundstudium ab. Bestandteile der Diplomvorprüfung sind die studienbegleitenden Fachprüfungen des Grundstudiums (Absatz 3). Die Erbringung der in Absatz 4 genannten Leistungsnachweise sowie die Teilnahme an den in Absatz 5 genannten Praktika ist Voraussetzung für den Abschluß der Diplomvorprüfung.

§ 17 Diplomvorprüfung

(1) Die Diplomvorprüfung hat bestanden, wer alle Fachprüfungen und Leistungsnachweise des Grundstudiums bestanden hat.

III. Hauptstudium

§ 18 Vertiefung

(1) Im Rahmen des Hauptstudiums wird den Studierenden die Möglichkeit gegeben, eine Vertiefung entsprechend ihren persönlichen Neigungen und speziellen Berufswünschen zu wählen.

(2) Folgende Vertiefungen werden angeboten:

1. Ingenieurvermessung
2. Liegenschafts- und Planungswesen
3. Photogrammetrie und Kartographie.

In den Vertiefungen werden vorwiegend Projekte behandelt, die der praktischen Arbeit des Vermessungsingenieurs entstammen. Dabei werden Methoden und Lösungen von Problemen auch fachübergreifender Art vermittelt.

(3) Aus den angebotenen Vertiefungen ist eine auszuwählen. Die Wahl muß vor Beginn des fünften Fachsemesters erfolgen und dem Prüfungsausschuß mitgeteilt werden.

§ 19 Fachprüfungen und Leistungsnachweise des Hauptstudiums

(1) Voraussetzung für die Teilnahme an Fachprüfungen des Hauptstudiums ist, daß die Diplomvorprüfung mit wenigstens "ausreichend" (4,0) bestanden ist.

(3) Die Fachprüfungen des Hauptstudiums werden studienbegleitend abgelegt; sie sind Bestandteile der Diplomprüfung. Die in Absatz 6 für das Hauptstudium festgelegen und ebenfalls studienbegleitend zu erbringenden Leistungsnachweise sind Zu-

lassungsvoraussetzung für den letzten Teil der Diplomprüfung.

(5) Für die Fachprüfung in der gewählten Vertiefung ist eine auf den erweiterten Stoffumfang bezogene Arbeit vorzusehen.

IV. Diplomarbeit und Kolloquium

§ 20 Diplomarbeit

(1) Die Diplomarbeit mit dem anschließenden Kolloquium bildet den abschließenden Teil der Diplomprüfung.

(4) Die Bearbeitungszeit für die Diplomarbeit beträgt höchstens drei Monate. Es darf bei begründetem Antrag vom Prüfungsausschuß eine Nachfrist von bis zu vier Wochen gewährt werden.

§ 23 Abgabe und Bewertung der Diplomarbeit; Wiederholung

(1) Die Diplomarbeit muß in einem Exemplar fristgerecht im Prüfungsamt abgegeben werden.

(7) Eine mit "nicht ausreichend" bewertete Diplomarbeit kann nur einmal wiederholt werden. Eine mit wenigstens "ausreichend" (4,0) bewertete Diplomarbeit kann nicht wiederholt werden.

§ 24 Kolloquium

(1) Das Kolloquium ergänzt die Diplomarbeit und ist selbständig zu bewerten.

(3) Das Kolloquium wird als mündliche Prüfung mit 30 bis maximal 45 Minuten Dauer durchgeführt.

(4) Die Bewertung des Kolloquiums erfolgt gemäß § 14 Abs. 3. Das Kolloquium kann bei Nichtbestehen einmal wiederholt werden.

V. Diplomzeugnis, Diplomurkunde

§ 25 Diplomzeugnis und -urkunde

(4) Das Diplomzeugnis über die bestandene Diplomprüfung enthält:
1. Die Gesamtnote entsprechend Absatz 5,
2. die Bezeichnungen und Prüfungsnoten der Fachprüfungen des Hauptstudiums nach § 19 Abs. 4,
3. das Thema und die Note der Diplomarbeit,
4. die Note des Kolloquiums,
5. auf Antrag die Bezeichnungen und Noten der Fachprüfungen der zusätzlichen Lehrveranstaltungen gemäß § 26.

(5) Die Gesamtnote des Diplomzeugnisses wird gemäß § 14 Abs. 4 als ein Achtzehntel (1/18) der nach folgenden Gewichtungen berechneten Anteile ermittelt:
1. Die sechs vorgeschriebenen Fachprüfungen des Hauptstudiums werden jeweils mit dem Faktor 2 gewichtet,
2. die Note der Diplomarbeit mit dem Faktor 5,
3. die Note des Kolloquiums mit dem Faktor 1.

VI. Schlußbestimmungen

§ 29 Inkrafttreten

(1) Diese Diplomprüfungsordnung tritt mit Wirkung vom 01. 09. 1995 in Kraft.

Bochum, den 01. August 1995

Technische Fachhochschule „Georg Agricola“ für Rohstoff, Energie und Umwelt zu Bochum (DMT)

Studiengang	**Allgemeine Vermessung/Berg- und Ingenieurvermessung**
Fachbereich:	**Geoingenieurwesen und Bergbau**
Dekan:	Prof. Dr.-Ing. Otto
Prodekan:	Prof. Dr.-Ing. Sauermann
Anschrift:	Herner Str. 45 **44787 Bochum**
Telefon:	02 34/ 9 68 32 21
Fax:	02 34/ 9 68 32 56
E-Mail:	dohmen@tfh-bochum.de
homepage:	http://www.tfh-bochum..de/

Summe der Professoren auf Planstellen	2
Summe der Technischen Mitarbeiter auf Planstellen	1

Studenten:	**1996**	**1997**	**1998**	**1999**
Studienanfänger:	9	12	7	12
Absolventen:	6	18	13	13
Studiendauer (Median):	9 Semester			
Regelstudienzeit:	7 Semester			
davon Praxissemester:	0			
Vorpraktikum:	3 Monate (Grundpraktikum)			

Labore

1.	Name des Labors:	Vermessungs- / Instrumentenkunde
	Leitung:	Prof. Dr.-Ing. W. Stelling
	Telefon:	02 34/ 9 68 33 80
	Fax:	02 34/ 9 68 32 56

Studiengang Vermessungswesen

Übersicht über die Lehrfächer und Prüfungen
gemäß der Studien- und Prüfungsordnung vom: 24. Juni 1999

Lehrfach	Studienabschnitt			Prüfungsleistungen			
	Grund-studium V + Ü	Haupt-studium V + Ü	Vertiefungs-studium* V + Ü	Grund-studium		Haupt-studium	
				Schein Beleg	Prü-fung	Schein Beleg	Prü-fung
Höhere Mathematik	12				x		
Datenverarbeitung und numerische Methoden	8				x		
Physik	8				x		
Geologie	6				x		
Instrumentenkunde	10				x		
Grundlegende Meßverfahren	12				x		
Geodätische Rechenverfahren	9				x		
Karten und Rißkunde	6				x		
Katasterkunde und Raumordnung		8					x
Vermessungskunde		12					x
Photogrammetrie		6					x
Landesvermessung		7					x
Satellitengeodäsie		6					x
CAD für Vermessungsingenieure		6					x
Grundlagen der Geoinformatik		6					x
Bauvermessung		8					x
Betriebswirtschaftslehre	3			x			
Technisches Englisch	3			x			
Verwaltungsrecht	1			x			
Personalführung- u. Problemlösungskompetenz	2			x			
Ländliche Neuordnung		2				x	

Lehrfach	Studienabschnitt			Prüfungsleistungen			
	Grund-studium V + Ü	Haupt-studium V + Ü	Vertiefungs-studium* V + Ü	Grund-studium		Haupt-studium	
				Schein Beleg	Prü-fung	Schein Beleg	Prü-fung
Liegenschaftsrecht		1				x	
Seminar		1				x	
Wahlpflichtfach		10					x

* **Wahlpflichtfächer des Vertiefungsstudiums**: siehe Anlage zu § 19 der Diplomprüfungsordnung im Anschluß an die Diplomprüfungsordnung

Die Immatrikulation an der TFH „Georg Agricola“ erfolgt jedes Semester, also zweimal pro Jahr. Die angegebenen Zahlen der Studienanfänger und Absolventen sind die jährlichen Gesamtzahlen über beide Semester.

Studienordnung für den Diplom - Studiengang Allgemeine Vermessung/Berg- und Ingenieurvermessung an der Technischen Fachhochschule „Georg Agricola“ für Rohstoff, Energie und Umwelt zu Bochum, staatlich anerkannte Fachhochschule der DMT - nachfolgend TFH zu Bochum

Vom 24. Juni 1999

Auszüge

Maskuline Personenbezeichnungen in dieser Ordnung gelten ebenso für Personen weiblichen Geschlechts.

Aufgrund des § 2 Abs. 4 und des § 61 Abs. 1 in Verbindung mit § 76 Abs. 3 des Gesetzes über die Fachhochschulen im Lande Nordrhein-Westfalen (Fachhochschulgesetz - FHG) vom 20. November 1979 (GV.NRW. S.964) in der Bekanntmachung der Neufassung vom 3. August 1993 (GV. NRW. 5. 564), zuletzt geändert durch Gesetz vom 1. Juli 1997 (GV. NRW. S. 213) hat die TFH zu Bochum die folgende Studienordnung als Satzung erlassen:

Inhaltsübersicht

§ 1 Geltungsbereich der Studienordnung

(1) Diese Satzung gilt als Studienordnung für den Diplom - Studiengang Allgemeine Vermessung/Berg- und Ingenieurvermessung mit den Studienschwerpunkten Bergvermessung und Ingenieurvermessung der TFH zu Bochum. Sie regelt das Studium in diesem Studiengang.

(2) Grundlagen dieser Studienordnung sind:

a) das Gesetz über die Fachhochschulen im Lande Nordrhein-Westfalen (Fachhochschulgesetz - FHG) in der jeweils geltenden Fassung;
b) die Einschreibungssatzung der TFH zu Bochum in der jeweils geltenden Fassung;
c) die Hochschulprüfungsordnung für den Diplom - Studiengang Allgemeine Vermessung/Berg- und Ingenieurvermessung an der staatlich anerkannten TFH zu Bochum in der jeweils geltenden Fassung.

§ 2 Studienziele; Hochschulgrad

(2) Die Diplomprüfung bildet den berufsqualifizierenden Abschluß.

(4) Aufgrund der bestandenen Diplomprüfung wird der Diplomgrad „Diplom-Ingenieur (Fachhochschule)“ bzw. „Diplom-Ingenieurin (Fachhochschule)“ (Kurzform: „Dipl.-Ing. (FH)“ verliehen.

§ 3 Zugangsberechtigung (Qualifikation) und praktische Tätigkeit

(1) Die Studienbewerber müssen neben dem Nachweis der erforderlichen Qualifikation ein dreimonatiges Grundpraktikum und ein dreimonatiges Fachpraktikum nachweisen. Das Grundpraktikum ist stets vor Aufnahme des Studiums zu erbringen. Das Fachpraktikum ist spätestens zum Beginn des vierten Semesters des Fachstudiums in Vollzeitform bzw. des sechsten Semesters für Studierende des berufsbegleitenden Studiums nachzuweisen.

(2) Über die Anrechnung einschlägiger Ausbildungs- und Berufstätigkeiten entscheidet die Fachhochschule durch den zuständigen Dekan.

(3) Zum Studium berechtigen das Abschlußzeugnis

a) - einer Fachoberschule für Technik, Fachrichtung Vermessung; in diesem Fall gilt der Nachweis einer praktischen Tätigkeit als erbracht;

b) - einer Fachoberschule für Technik einer anderen Fachrichtung;
- einer Fachoberschule anderen Typs;
- einer 2-jährigen Höheren Handelsschule in Verbindung mit einem einjährig gelenkten Praktikum oder einer abgeschlossenen Berufsausbildung;
- der Klasse 12 einer weiterführenden allgemeinbildenden Schule in Verbindung mit einem einjährig gelenkten Praktikum oder einer abgeschlossenen Berufsausbildung;
- der Klasse 13 einer weiterführenden allgemeinbildenden Schule (Abitur).

c) Zum Studium berechtigen auch sonstige vom zuständigen Ministerium als Fachhochschulreife anerkannte Zeugnisse mit einem entsprechenden Praktikum.

In den unter (3) b) und (3) c) genannten Fällen wird ein halbjähriges, auf den Studiengang Allgemeine Vermessung bezogenes gelenktes Praktikum gefordert.

(4) Das Grundpraktikum soll drei der folgenden Tätigkeitsfelder umfassen:
a) Vermessungstechnisches Zeichnen,
b) Lage- und Höhenmessungen,
c) Polygonierung und Lageaufnahme,
d) Katastermessungen,
e) Markscheiderische Messungen,
f) Geodätische Berechnungen.

(5) Das Fachpraktikum soll drei der folgenden Tätigkeitsfelder umfassen:
a) Lage- und Höhenmessungen,
b) Kataster- und Ingenieurvermessungen,
c) Markscheiderische Messungen hoher Genauigkeit,
d) Landesvermessung und Photogrammetrie,
e) Satellitengeodäsie,
f) Regional- und Raumplanung, Flurbereinigung,
g) ADV und CAD,
h) Umwelt- und Geoinformationssysteme.

(6) Die Ausgestaltung des Praktikums ist in den Praktikumsrichtlinien geregelt, die Bestandteil dieser Studienordnung sind.

§ 5 Regelstudienzeit, Studienumfang

(1) Das Studium umfaßt einschließlich der Prüfungszeit in Vollzeitform eine Regelstudienzeit von sieben Semestern. Es beginnt jeweils im Sommer- und Wintersemester.

(2) Der Studienumfang der ersten drei Vollzeitstudiensemester wird auch als fünfsemestriges berufsbegleitendes Studium angeboten. Es beginnt jährlich im Wintersemester. Für den Studienschwer-

punkt Ingenieurvermessung wird zusätzlich ein einschließlich der Prüfungszeit sechssemestriges berufsbegleitendes Hauptstudium eingerichtet. Die Lehrveranstaltungen des berufsbegleitenden Studiums finden im wesentlichen an zwei bis drei Abenden in der Woche und an Samstagen statt. Die Durchführung des berufsbegleitenden Studiums ist von einer durch den Rektor der Technischen Fachhochschule zu Bochum festzulegenden Mindestteilnehmerzahl abhängig.

(3) Der Gesamtstudienumfang beträgt 165 Semesterwochenstunden einschließlich der Wahlfächer im Umfang von zwölf Semesterwochenstunden.

§ 6 Lehrveranstaltungen; Fächer und Aufbau des Studiums

(1) Als Lehrveranstaltungen werden angeboten:
Vorlesungen, Übungen, Praktika, Seminare, Exkursionen.

(2) Als Fächer werden unterschieden:
- Pflichtfächer, die durch Prüfungen abzuschließen sind.
- Ein als Fachprüfung (FP) abzuschließendes Wahlpflichtfach.
- Wahlfächer, die mit Prüfungen (Zusatzfächer) oder Teilnahmebescheinigungen abgeschlossen werden. Sie beeinflussen die Gesamtnote nicht.

(4) Die zuerst abgelegte Prüfung aus dem Katalog der Wahlpflichtfächer gilt als die nach § 19 der Diplomprüfungsordnung für den Studiengang Allgemeine Vermessung vorgeschriebene Fachprüfung, es sei denn, daß der Kandidat vor der ersten Prüfung etwas anderes bestimmt hat.

(5) Das Studium gliedert sich in ein Grund- Haupt- und Wahlstudium.

§ 7 Veranstaltungskommentar, Prüfungsgebiete

Der Fachbereich erstellt einen studiengangbezogenen Veranstaltungskommentar, der Aufschluß gibt über
1. die Ziele der einzelnen Lehrveranstaltungen,
2. die Zuordnung der einzelnen Lehrveranstaltungen zum Studienplan,
3. notwendige und wünschenswerte Vorkenntnisse,
4. die inhaltliche Beschreibung der Prüfungsgebiete.

§ 8 Wahlfächer (Zusatzfächer)

(1) Der Fachbereich empfiehlt, Wahlfächer im Umfang von zwölf Semesterwochenstunden zu studieren.

(3) Auf Antrag sind die Noten der Wahlfächer, in denen eine abschließende Prüfung abgelegt wurde (Zusatzfächer), in das Zeugnis aufzunehmen.

§ 9 Inkrafttreten; Übergangsbestimmungen

(1) Diese Satzung tritt am 1. September 1999 in Kraft.

Ausgefertigt aufgrund des Beschlusses des Senats der TFH zu Bochum vom 23. März 1999 sowie der Feststellung der Gleichwertigkeit durch das Ministerium für Schule und Weiterbildung, Wissenschaft und Forschung des Landes Nordrhein-Westfalen vom 2. Juni 1999 - AZ: 223-8135.123/140

Bochum, den 24. Juni 1999

Diplomprüfungsordnung für den Diplom - Studiengang Allgemeine Vermessung/Berg- und Ingenieurvermessung an der TFH Georg Agricola für Rohstoff, Energie und Umwelt zu Bochum, staatlich anerkannte Fachhochschule der DMT - nachfolgend TFH zu Bochum -

Vom 24. Juni 1999

Auszüge

Maskuline Personenbezeichnungen in dieser Ordnung gelten ebenso für Personen weiblichen Geschlechts.

Aufgrund des § 2 Abs. 4 und des § 61 Abs. 1 in Verbindung mit § 76 Abs. 3 des Gesetzes über die Fachhochschulen im Lande Nordrhein-Westfalen (Fachhochschulgesetz - FHG) vom 20. November 1979 (GV. NRW. S. 964) in der Bekanntmachung der Neufassung vom 3. August 1993 (GV. NRW. S. 564), zuletzt geändert durch Gesetz vom 1. Juli 1997 (GV. NRW. S. 213), hat die TFH zu Bochum die folgende Satzung erlassen:

Inhaltsübersicht

I. Allgemeines

§ 1 Geltungsbereich der Hochschulprüfungsordnung, Studienordnung, Landesoberbergamt

(1) Diese Prüfungsordnung gilt für das Studium in dem Diplom - Studiengang Allgemeine Vermessung/Berg- und Ingenieurvermessung mit den Studienschwerpunkten Ingenieurvermessung und Bergvermessung der TFH zu Bochum. Sie regelt die Diplomprüfung in diesem Studiengang.

(3) Das Landesoberbergamt Nordrhein-Westfalen ist berechtigt, einen Vertreter zu den Sitzungen des Prüfungsausschusses und zu allen Prüfungen zu entsenden. Der Vertreter ist befugt, Einblick in alle Prüfungsvorgänge zu nehmen und an allen Erörterungen und Beratungen mitzuwirken.

§ 3 Zugangsberechtigung (Qualifikation) und praktische Tätigkeit

(1) Die Studienbewerber müssen neben dem Nachweis der erforderlichen Qualifikation (Fachhochschulreife oder ein als gleichwertig anerkannter Vorbildungsnachweis) ein dreimonatiges Grundpraktikum und ein dreimonatiges Fachpraktikum nachweisen. Das Grundpraktikum ist stets vor Aufnahme des Studiums zu erbringen. Das Fachpraktikum ist spätestens zum Beginn des vierten Semesters des Fachstudiums in Vollzeitform bzw. des sechsten Semesters für Studierende des berufsbegleitenden Studiums nachzuweisen.

§ 4 Regelstudienzeit und Studienumfang

(1) Das Studium umfaßt für die Studierenden, die das Studium in Vollzeitform durchführen, sieben Semester; für Studierende, die das Grundstudium berufsbegleitend durchführen, fünf Semester im Grundstudium und vier Semester einschließlich Prüfungszeit im Hauptstudium. Inhaltlich entspricht das fünfsemestrige berufsbegleitende Grundstudium den ersten drei Studiensemestern in Vollzeitform.
Für den Studienschwerpunkt Ingenieurvermessung wird ein berufsbegleitendes Hauptstudium eingerichtet. Das Studium umfaßt für die Studierenden, die das Studium vollständig berufsbegleitend durchführen, fünf Semester im Grundstudium und sechs Semester einschließlich Prüfungszeit im Hauptstudium. Inhaltlich entspricht das berufsbegleitende Studium den sieben Semestern in Vollzeitform.

(2) Die Regelstudienzeit beträgt in Vollzeitform einschließlich Prüfungszeit dreieinhalb Jahre.

(3) Der Gesamtstudienumfang beträgt für alle Angebotsformen 165 Semesterwochenstunden einschließlich der Wahlfächer im Umfang von zwölf Semesterwochenstunden.

§ 5 Umfang und Gliederung der Prüfungen

(1) Die Diplomprüfung des Studiengangs Allgemeine Vermessung/Berg- und Ingenieurvermessung gliedert sich in studienbegleitende Fachprüfungen, Diplomarbeit und Kolloquium, das die Diplomarbeit ergänzt.

(2) Die Diplomprüfung wird ergänzt durch studienbegleitende Leistungsnachweise gemäß § 20.

§ 8 Anrechnung von Studienzeiten, Studien- und Prüfungsleistungen, Einstufung in höhere Fachseme-

ster

(1) Einschlägige Studienzeiten in entsprechenden Studiengängen an anderen Hochschulen im Geltungsbereich des Grundgesetzes sowie dabei erbrachte Studien- und Prüfungsleistungen werden von Amts wegen angerechnet.

§ 9 Bewertung von Prüfungsleistungen

(1) Für die Benotung sind folgende Noten zu verwenden:

1 = sehr gut = eine hervorragende Leistung;
2 = gut = eine Leistung, die erheblich über den durchschnittlichen Anforderungen liegt;
3 = befriedigend = eine Leistung, die durchschnittlichen Anforderungen entspricht;
4 = ausreichend = eine Leistung, die trotz ihrer Mängel noch den Anforderungen genügt;
5 = nicht ausreichend = eine Leistung, die wegen erheblicher Mängel den Anforderungen nicht mehr genügt.

Zur differenzierten Bewertung der Prüfungsleistungen können durch Erniedrigen oder Erhöhen der einzelnen Noten um 0,3 Zwischenwerte gebildet werden; die Noten 0,7; 4,3; 4,7 und 5,3 sind dabei ausgeschlossen.

(2) Eine Prüfung ist bestanden, wenn die Fachnote mindestens „ausreichend" (4,0) ist.

§ 10 Wiederholung von Prüfungsleistungen

(2) Abgesehen von der Regelung über den Freiversuch (§ 11) dürfen nicht bestandene Fachprüfungen je zweimal wiederholt werden. Eine nicht bestandene oder als nicht bestanden geltende Diplomarbeit bzw. ein entsprechendes Kolloquium darf einmal wiederholt werden.

§ 11 Freiversuch

(1) Legt ein Prüfling innerhalb der Regelstudienzeit bis zu dem in der Studienordnung vorgesehenen Zeitpunkt und nach ununterbrochenem Studium eine Fachprüfung bzw. Teilfachprüfung ab und besteht er diese Prüfung nicht, so gilt sie als nicht unternommen (Freiversuch). Ein zweiter Freiversuch ist ausgeschlossen.

(5) Wer eine Fachprüfung bzw. Teilfachprüfung bei Vorliegen der Voraussetzungen nach den Absätzen 1 - 4 bestanden hat, kann zur Verbesserung der Fachnote die Prüfung an der TFH zu Bochum einmal wiederholen. Der Antrag auf Zulassung ist zum nächstmöglichen Prüfungstermin zu stellen.

(6) Erreicht der Prüfling in der Wiederholungsprüfung eine bessere Note, so wird nur diese für das Zeugnis berücksichtigt und der Berechnung der Gesamtnote der Diplomprüfung zugrundegelegt.

II. Fachprüfungen und Leistungsnachweise

§13 Ziel, Umfang und Form der Fachprüfungen

(3) Die Fachprüfung besteht aus einer schriftlichen Klausurarbeit mit einer Bearbeitungszeit von zwei bis vier Zeitstunden oder aus einer mündlichen Prüfung von 20-45 Minuten Dauer.

§ 14 Zulassung zu Fachprüfungen

(2) Zu den Fachprüfungen, die planmäßig ab dem fünften Studiensemester nach dem Studienverlaufsplan stattfinden, wird nur zugelassen, wer die nach § 3 geforderte praktische Tätigkeit abgeleistet hat.

§ 15 Durchführung von Fachprüfungen

(1) Die Fachprüfungen finden außerhalb der Lehrveranstaltungen statt.

§ 16 Teilprüfungen (Teilfachprüfungen)

(1) Fachprüfungen können in zwei Teilprüfungen untergliedert werden. Eine aus Teilprüfungen bestehende Fachprüfung ist bestanden, wenn jede Teilprüfung mindestens als „ausreichend“ bewertet worden ist. Die Note der Fachprüfung ergibt sich aus dem arithmetischen Mittel der gewichteten Noten der Teilprüfungen.

§ 19 Fachprüfungen

(1) Die Diplomprüfung erstreckt sich auf die in der Übersicht der Lehrveranstaltungen und Prüfungen enthaltenen Fächer sowie auf folgende Fächer im Studienschwerpunkt Bergvermessung:

12. Geologie und Geophysik
13. Landesvermessung und Satellitengeodäsie
14. Markscheiderische Betriebsplanung
15. Gebirgsmechanik und Bergschadenkunde
16. Orientierungsmessung
17. Wahlpflichtfach (s. Anlage)

Oder auf folgende Fächer im Studienschwerpunkt Ingenieurvermessung:

12. Katasterkunde und Raumordnung
13. Landesvermessung
14. Satellitengeodäsie
15. CAD für Vermessungsingenieure
16. Grundlagen der Geoinformatik
17. Wahlpflichtfach (s. Anlage).

§ 20 Leistungsnachweise

(1) Leistungsnachweis ist die Bescheinigung über eine individuell erkennbare Studienleistung (z. B. Klausurarbeit, Referat, Hausarbeit, Studienarbeit, mündliche Prüfung, Entwurf, Praktikumsbericht), die inhaltlich auf eine Lehrveranstaltung von höchstens vier Semesterwochenstunden oder auf eine einsemestrige Lehrveranstaltung bezogen ist.

(5) Ein nicht erbrachter Leistungsnachweis kann unbegrenzt wiederholt werden.

III. Diplomarbeit und Kolloquium

§ 23 Zulassung zur Diplomarbeit

(1) Zur Diplomarbeit wird zugelassen, wer
1. die Fachprüfungen des Grundstudiums bestanden hat,
2. die Fachprüfungen des Hauptstudiums bis auf eine bestanden hat (§ 19),
3. die Leistungsnachweise bis auf einen erbracht hat (§ 20),

§ 24 Ausgabe und Bearbeitung der Diplomarbeit

(2) Die Bearbeitungszeit der Diplomarbeit beträgt für Studierende, die das Studium in Vollzeitform durchführen, drei Monate, für Studierende, die das Studium berufsbegleitend durchführen, fünf Monate. Im Ausnahmefall kann der Vorsitzende des Prüfungsausschusses auf einen vor Ablauf der Frist gestellten begründeten Antrag die Bearbeitungszeit um bis zu vier Wochen verlängern.

(3) Das Thema der Diplomarbeit kann nur einmal und nur innerhalb der ersten vier Wochen der Bearbeitungszeit ohne Angabe von Gründen zurückgegeben werden.

§ 26 Kolloquium

(1) Das Kolloquium ergänzt die Diplomarbeit, es ist selbständig zu bewerten und soll innerhalb von zwei Monaten nach Abgabe der Diplomarbeit stattfinden.

(2) Zum Kolloquium kann nur zugelassen werden, wenn alle Fachprüfungen und Leistungsnachweise bestanden oder erbracht sind und die Diplomarbeit mindestens als „ausreichend" benotet worden ist.

IV. Ergebnis der Diplomprüfung, Zusatzfächer

§ 28 Zeugnis, Gesamtnote

(2) Die Gesamtnote der Diplomprüfung wird aus dem gewichteten arithmetischen Mittel der Einzelnoten gemäß § 9 Abs. 4 gebildet. Dabei werden folgende Notengewichte zugrunde gelegt:
Diplomarbeit **(3)**, Kolloquium **(1)**,
Durchschnitt der Noten aller Leistungsnachweise **(2)**,
Durchschnitt der Noten aller Fachprüfungen **(18)**

§ 29 Zusatzfächer

Der Kandidat kann sich in weiteren als den vorgeschriebenen Fächern einer Prüfung unterziehen (Zusatzfächer). Das Ergebnis dieser Prüfungen wird auf Antrag des Kandidaten in einer Anlage zum Zeugnis aufgenommen, jedoch bei der Festsetzung der Gesamtnote nicht berücksichtigt.

V. Schlußbestimmungen

§ 32 Inkrafttreten, Übergangsregelung, Veröffentlichung

(1) Diese Prüfungsordnung tritt mit Wirkung vom 1. September 1999 in Kraft.

Ausgefertigt aufgrund des Beschlusses des Senats der TFH zu Bochum vom 23. März 1999 sowie der Feststellung der Gleichwertigkeit durch das Ministerium für Schule und Weiterbildung, Wissenschaft und Forschung des Landes Nordrhein-Westfalen vom 2. Juni 1999- AZ: 223-8135.123/140.

Bochum, den 24. Juni 1999

Anlage zu § 19 der Diplomprüfungsordnung

Wahlpflichtfächer des Studienganges Allgemeine Vermessung/ Berg- und Ingenieurvermessung

Wahlpflichtfächer für die Studierenden des Studienschwerpunktes Ingenieurvermessung:

1. Ingenieurvermessung
2. Bergvermessung
3. Geologie und Geophysik *)
4. Tagebautechnik. *)

*) wird zur Zeit nur für Vollzeitstudenten angeboten

Weitere Wahlpflichtfächer für die Studierenden im Studienschwerpunkt Bergvermessung:

1. Katasterkunde und CAD
2. Ingenieurvermessung
3. Geoinformatik
4. Geotechnik und Umweltschutz
5. Tagebautechnik.

Hochschule für Technik und Wirtschaft Dresden (FH)

Studiengänge	**Vermessungswesen (Direktstudium); Vermessungswesen (Fernstudium); Kartographie (Direktstudium)**
Fachbereich:	**Vermessungswesen/ Kartographie**
Dekan:	Prof. Dipl.-Ing. Ernst- Dietrich Hoffmeister
Prodekan:	Prof. Dr. Ing. Frank Schwarzbach
Studiendekan:	Prof. Dr.-Ing. Ivan Panajotov
Studienberatung:	Prof. Dipl.-Ing. Winfried Himmer
Anschrift:	Hausanschrift: Friedrich-List-Platz 1 **01069 Dresden** Postanschrift: PF 120701 **01008 Dresden**
Telefon:	03 51/ 4 62 31 49
Fax:	03 51/ 4 62 21 91
E-Mail:	dekanat@vermessung.htw-dresden.de
homepage:	http://www.htw-dresden.de/vk/

Summe der Professoren auf Planstellen	20
Summe der Lehrbeauftragten (Studium)	2
Summe der Laboringenieure auf Planstellen	11
Summe der Technischen Mitarbeiter auf Planstellen	9

Studentenzahlen

Studiengang Vermessungswesen (Direktstudium)

Studenten:	**1996**	**1997**	**1998**	**1999**
Studienanfänger:	85	85	79	97
Absolventen:	79	70	69	67
Studiendauer (Median):	8,1 Semester			
Regelstudienzeit:	8 Semester			
davon Praxissemester:	1 Praxissemester im 5. Semester			
Vorpraktikum:	12 Wochen bis zum Vordiplom, davon 6 Wochen vor Studienbeginn			

Studiengang Vermessungswesen (Fernstudium)

Studenten:	**1996**	**1997**	**1998**	**1999**
Studienanfänger:	50	31	40	37
Absolventen:	-	-	85	37
Studiendauer (Median):	10,4 Semester			
Regelstudienzeit:	10 Semester			
davon Praxissemester:	kein praktisches Studiensemester vorgesehen			
Vorpraktikum:	12 Wochen, jedoch nur für Fernstudenten, die keine berufliche Tätigkeit im Vermessungswesens ausüben			

Studiengang Kartographie (Direktstudium)

Studenten:	**1996**	**1997**	**1998**	**1999**
Studienanfänger:	38	37	40	34
Absolventen:	6	14	14	24
Studiendauer (Median):	8,3 Semester			
Regelstudienzeit:	8 Semester			
davon Praxissemester:	1 Praxissemester im 6. Semester			
Vorpraktikum:	12 Wochen bis zum Vordiplom, davon 6 Wochen vor Studienbeginn			

Labore

1.	Name des Labors:	Labor für Geodätische Meßtechnik
	Leitung:	Prof. Dr.-Ing. Rüdiger Lehmann
	Telefon:	(03 51) 4 62 31 46
	E-Mail:	r.lehmann@vermessung.htw-dresden.de
2.	Name des Labors:	Labor für Kartographie
	Leitung:	Prof. Dr.-Ing. Martina Müller
	Telefon:	(03 51) 4 62 31 59
	E-Mail:	muellerm@vermessung.htw-dresden.de

3.	Name des Labors:	Labor für Medientechnik
	Leitung:	Prof. Dr.-Ing. Ivan Panajotov
	Telefon:	(03 51) 4 62 33 01
	E-Mail:	panajotov@vermessung.htw-dresden.de
4.	Name des Labors:	Labor für Photogrammetrie
	Leitung:	Prof. Dipl.-Ing. Volker Gerbeth
	Telefon:	(03 51) 4 62 31 57
	E-Mail:	gerbeth@vermessung.htw-dresden.de
5.	Name des Labors:	Labor für Geoinformatik und Fernerkundung
	Leitung:	Prof. Dr.-Ing. Bernd Teichert
	Telefon:	(03 51) 4 62 31 79
	E-Mail:	teichert@htw-dresden.de
6.	Name des Labors:	Labor für Graphische Datenverarbeitung
	Leitung:	Prof. Dr.-Ing. Johann-Hinrich Walter
	Telefon:	(03 51) 4 62 31 35
	E-Mail:	walter@vermessung.htw-dresden.de

Studiengang Vermessungswesen (Direktstudium)

Übersicht über die Lehrfächer und Prüfungen
gemäß der Studien- und Prüfungsordnung vom: 31.05.2000

Lehrfach	Studienabschnitt			Prüfungsleistungen			
	Grund-studium V + Ü	Haupt-studium V + Ü	Vertiefungs-studium V + Ü	Grund-studium		Haupt-studium	
				Schein Beleg	Prüf-ung	Schein Beleg	Prüf-ung
Mathematik	14				2x		
Grundl. der Informatik	9		3	x		x	
Math. Stat./ Fehlerlehre/ Geodät. Berechnungen/ Ausgleichung	8	4			x	x	x

Lehrfach	Studienabschnitt			Prüfungsleistungen			
	Grund-studium V + Ü	Haupt-studium V + Ü	Vertiefungs-studium V + Ü	Grund-studium		Haupt-studium	
				Schein Beleg	Prüf-ung	Schein Beleg	Prüf-ung
Geometrie	3			x	x		
Physik, Optik	6			x	x		
Ökologie, Geomorphol.	2/2			x/x			
Vermessungstechnik/ Instrumentenkunde	22			x	x		
Kartographie/ Karten-netze	4				x		
CAD	5	1		x		x	
Recht	2	5	3		x		2x/x
Fremdsprache	6			x			
Wahlpflichtfach	2			x			
Ingenieurgeodäsie		6	4				x/x
Photogrammetrie		6	4			x	x/x
Fernerkundung		4					x
Liegenschaftskataster		6	4			x	x/x
Geoinformationssysteme		9	5			x	x/x
Höhere Geodäsie/ Landesvermessung		5					x
Satellitengeodäsie			5			x	x
Ländliche Neuordnung		4					x
Betriebswirtschaftslehre		2					x
Bautechnik			3			x	
Datenpräsentation/ Multimedia			3				x
Managementstraining/ Führung u. Organisation		5				x	x
Grundstücksbewertung			4				x
Städtische Bodenordng.			4				x
Projektbearbeitung			2			x	
Industriemeßsysteme			3				x
Dauer der Diplomarbeit	3 Monate (Direktstudium) / 4 Monate (Fernstudium)						

Hinweise und Anmerkungen

Vorpraktikum: – Erforderlicher Umfang: 12 Wochen bis zum Ende des 3. Semesters, davon möglichst 6 vor Studienbeginn

Erläuterungen zu den Wahlpflichtfächern im Grundstudium: Aus den vier angebotenen Wahlpflichtfächern Geschichte der Geodäsie und Kartographie, Technisches Englisch, Ökologie und Geomorphologie mit je 2 Semesterwochenstunden (SWS) müssen die Studenten ein Fach auswählen, können aber auch weitere dieser Fächer fakultativ belegen.

Erläuterungen zum Vertiefungsstudium: Das Vertiefungsstudium läuft im 7. Semester. Hier müssen die Studenten sich für eine der 3 Vertiefungsrichtungen entscheiden sowie 2 weitere Wahlpflichtfächer aus nicht gewählten Vertiefungen (außer Projektbearbeitung) belegen. Des weiteren können noch Wahlfächer angeboten werden. Folgende Lehrgebiete werden in den einzelnen Vertiefungsrichtungen als Wahlpflichtfächer angeboten (in Klammern Zahl der SWS):

Vertiefung A Geoinformatik:

Informatik III (3),
Photogrammetrie II (4),
Projektbearbeitung A (2)
Geoinformationssysteme II (5)
Datenpräsentation/Multimedia (3)

Vertiefung B Landmanagement

Bürgerliches Gesetzbuch II: Sachenrecht (3)
Städtische Bodenordnung (4)
Projektbearbeitung B (2)
Liegenschaftskataster II (4)
Grundstücksbewertung (4)

Vertiefung C Ingenieurvermessung

Ingenieurvermessung II (4)
Industriemeßsysteme (3)
Projektbearbeitung C (2)
Bautechnik (3)
Satellitengeodäsie (5)

Im **Fernstudium** des Studiengangs Vermessungswesen sind mit Ausnahme des praktischen Studiensemesters und des Lehrgebietes „Fremdsprachen“ die gleichen Lehrgebiete und die gleichen Prüfungen wie im Direktstudium zu absolvieren, wobei alle Prüfungen studienbegleitend in den einzelnen Konsultationskursen abgelegt werden (siehe auch Anlage 4 zur Studienordnung Vermessungswesen). Die Dauer der Bearbeitung der Diplomarbeit beträgt im Fernstudium Vermessungswesen 4 Monate.

Studiengang Kartographie

Übersicht über die Lehrfächer und Prüfungen
gemäß der Studien- und Prüfungsordnung vom: 31. 05. 2000

Lehrfach	Studienabschnitt			Prüfungsleistungen			
	Grund-studium V + Ü	Haupt-studium V + Ü	Vertiefungs-studium V + Ü	Grund-studium		Haupt-studium	
				Schein Beleg	Prüf-ung	Schein Beleg	Prüf-ung
Mathematik	10				2x		
Geometrie	4			x	x		
Grundl. der Informatik	10			x			
Physik, Optik	3			x	x		
Geographie	8			x	x		
Vermessungskunde	8				x		
Fremdsprache	6			x			
Amtliche Kartenwerke	4				x		
Kartengestaltung	10				x		
Kartogr. Technologien	7			x			
Drucktechnik	5				x		
Kartennetze	4				x		
Wahlpflichtfächer	2			x			
Geoinformationssysteme		9	3			x	x/x
Photogrammetrie/ Fernerkundung		7	4				x/x
Fehlertheorie/ Ausgleichung		4					x
Kartenredaktion		6				x	x
Themat. Kartographie		10				x	
Kartenkonstruktion		8				x	x
Recht u. Verwaltungs-lehre		2					x
Managementstraining/ Führung u. Organisation		5				x	x
Medientechnik/ -produkt.		8	4			x	x/x

Lehrfach	Studienabschnitt			Prüfungsleistungen			
	Grund-studium V + Ü	Haupt-studium V + Ü	Vertiefungs-studium V + Ü	Grund-studium		Haupt-studium	
Betriebswirtschaftslehre		2					x
Datenpräsentation		2				x	
Infografik		3				x	
Multimediale Produkte		2	3				x/x
Geographisch-topographische Exkursion		2				x	
Kartographisches Kolloquium **		2				x	
Dauer der Diplomarbeit	3 Monate						

Hinweise und Anmerkungen

Vorpraktikum: – Erforderlicher Umfang: 12 Wochen bis zum Ende des 3. Semesters, davon möglichst 6 vor Studienbeginn

Erläuterungen zu den Wahlpflichtfächern im Grundstudium: Aus den drei angebotenen Wahlpflichtfächern Geschichte der Geodäsie und Kartographie, Fremdsprache und Ökologie mit je 2 Semesterwochenstunden (SWS) müssen die Studenten ein Fach auswählen, können aber auch weitere dieser Fächer fakultativ belegen.

Erläuterungen zum Vertiefungsstudium: Das Vertiefungsstudium läuft im 7. Semester. Hier müssen die Studenten sich für eine der beiden Vertiefungsrichtungen. Des weiteren können noch Wahlfächer angeboten werden. Folgende Lehrgebiete werden in den beiden Vertiefungsrichtungen als Wahlpflichtfächer angeboten (in Klammern Zahl der SWS):

Vertiefungsrichtung Geoinformationssysteme

Geobasisinformationssysteme (3) Fernerkundung (4)

Vertiefungsrichtung Digitale Medien

Multimediale Projekte (3) Medienproduktion (4)

** Inhalt des Kartographischen Kolloquiums sind Vorträge der Studierenden (z. B. Berichte über das praktische Studiensemester) und Vorträge von Praxispartnern.

Studienordnung für den Studiengang Vermessungswesen (Direktstudium und Vollzeit-Fernstudium)

vom 2000

Aufgrund von § 21 des Gesetzes über die Hochschulen im Freistaat Sachsen (Sächsisches Hochschulgesetz - SächsHG) vom 11. Juni 1999 (SächsGVBl. S. 294) hat die Hochschule für Technik und Wirtschaft Dresden (FH) die folgende Studienordnung als Satzung erlassen.

(beschlossen vom Senat der HTW Dresden (FH) am 30. Mai 2000)

Inhaltsübersicht

Auszüge

Maskuline Personenbezeichnungen in dieser Ordnung gelten ebenso für Personen weiblichen Geschlechts

Zu § 1 Geltungsbereich

(1) Die Studienordnung gilt für alle Studierenden des Studienganges Vermessungswesen.

(2) Die Studienordnung für den Studiengang Vermessungswesen gilt nur in Verbindung mit der Allgemeinen Studienordnung der Hochschule für Technik und Wirtschaft Dresden (FH) in der geltenden Fassung. Die darin enthaltenen Festlegungen sind verbindlich, auch wenn in der Ordnung des Studienganges nicht ausdrücklich darauf hingewiesen wird.

(3) Die Studienordnung gilt für Studierende im Direktstudium und im Fernstudium. Gesonderte Regelungen für Studierende im Fernstudium sind ***kursiv*** gekennzeichnet.

Zu § 2 Studienziel, Studienvoraussetzungen

Das Fernstudium im Studiengang Vermessungswesen ist eine dem Direktstudium gleichwertige Studienform. Die Lehrinhalte, die Lehrgebiete, die Prüfungsanforderungen sowie das Studienziel Diplomingenieur (FH) entsprechen denen des Direktstudiums. Betont wird dabei eine praxisnahe Ausbildung in Kombination mit der hauptberuflichen Tätigkeit des Fernstudenten in der vermessungstechnischen Praxis.

(2) Für den Studiengang Vermessungswesen ist bis zum Ende des dritten Semesters ein 12-wöchiges Vorpraktikum nachzuweisen; davon sind grundsätzlich sechs Wochen vor Beginn des Studiums zu absolvieren. Für Studienbewerber, die bereits über einen dem Studiengang entsprechenden Abschluss (Facharbeiter, Techniker usw.) verfügen oder bereits in einem Bereich des Vermessungswesens tätig waren, kann das Vorpraktikum auf Antrag entfallen oder gekürzt werden.

(3) Abs. (2) gilt nur, wenn der Fernstudent nicht bereits in der Vermessungspraxis arbeitet.
Vorteilhaft für Fernstudenten sind in der beruflichen Praxis erworbene fachliche Vorkenntnisse aus vermessungstechnischen Tätigkeiten bzw. Qualifizierungsmaßnahmen, wie Facharbeiter für Vermessungstechnik, Vermessungstechniker o. ä. Diese fachlichen Vorkenntnisse sind jedoch nicht als zusätzliche Studienvoraussetzung zu betrachten und beeinflussen das Auswahlverfahren nicht.

Zu § 3 Studienangebot

(1) Das Vollzeitstudium Vermessungswesen erfolgt als Direktstudium oder als *Fernstudium.*

(2) Das Studium im Studiengang Vermessungswesen schließt mit dem akademischen Grad Diplom-Ingenieur/in (FH) ab.

Zu § 5 Gliederung des Studiums, Regelstudienzeit

(1) Die Regelstudienzeit im Direktstudium beträgt acht Semester. Das Studium ist in zwei Studienabschnitte gegliedert:

1. Das Grundstudium, es umfasst die ersten drei Semester und schließt mit der Diplomvorprüfung ab.
2. Das Hauptstudium, es umfasst fünf Semester, eingeschlossen das praktische Studiensemester (5. Semester), und schließt mit der Diplomprüfung (einschließlich Diplomarbeit) ab.

(2) Die Regelstudienzeit im Fernstudium beträgt zehn Semester; davon ist das 10. Semester für das Anfertigen der Diplomarbeit vorgesehen.
Die Gliederung der Regelstudienzeit in die zwei Abschnitte Grund- und Hauptstudium gilt auch für das Fernstudium. Aus studienorganisatorischen Gründen erfolgt der Übergang innerhalb des 5. Semesters kontinuierlich. Lehrgebiete des Grundstudiums enden spätestens im 5. Semester, während Lehrgebiete des Hauptstudiums frühestens im 5. Semester einsetzen.

(4) Das Fernstudium enthält keine obligatorische Fremdsprachenausbildung, wobei den Studierenden nahegelegt wird, die fakultativen Angebote der Hochschule zu nutzen.

Zu § 6 Art und Umfang des Lehrangebotes

(1) Zur praxisnahen Ausbildung im Studiengang Vermessungswesen gehören ein Praxissemester im fünften Semester sowie zahlreiche Tagesübungen, Projekte und Exkursionen.

(3) Im Hauptstudium können die Studierenden in drei Vertiefungsrichtungen fachliche Spezialkenntnisse erwerben. Vor Eintritt in das 7. Semester muss eine Vertiefungsrichtung gewählt werden. Aus den verbleibenden

anderen beiden Vertiefungsrichtungen sind zwei Fächer auszuwählen, jedoch nicht die Projektbearbeitung.

(4) Das Fernstudium im Studiengang Vermessungswesen wird in Form von Konsultationskursen (KK) durchgeführt, wobei in der Regel drei KK pro Semester stattfinden und ein KK in der Regel 26 Konsultationsstunden umfasst.
Der stoffliche Lehrinhalt einer Konsultationsstunde entspricht im Mittel 3,5 h Lehrveranstaltung im Direktstudium (s. Anlagen 3 und 4)

(5) Im Fernstudium setzen die Vertiefungsrichtungen mit dem 8. Semester ein. Das Angebot entspricht dem des Direktstudiums. Im Rahmen der Wahl der Vertiefungsrichtung Geoinformatik kann es wegen der übungsintensiven Lehrgebiete innerhalb dieser Vertiefungsrichtung erforderlich sein, im betreffenden Zeitraum (8. und 9.Semester) die Konsultationsstunden geringfügig zu erhöhen.

Zu § 7 Studieninhalte, Studienpläne, Freiheit von Lehre und Studium

(3) Für das Fernstudium ist kein praktisches Studiensemester vorgesehen. Die erforderlichen praktischen Ausbildungsinhalte sind durch die Studierenden in der Praxis des Vermessungswesen bzw. in artverwandten Bereichen durch Studienaufträge studienbegleitend zu erarbeiten und nachzuweisen.

Der Fachbereich Vermessungswesen/Kartographie bietet denjenigen Fernstudenten, die bei ihrem Arbeitgeber keine oder nur begrenzte Übungsmöglichkeiten für praktische Aufgaben haben, fakultativ pro Semester eine Woche für individuelle Computer- und Messübungen an. Diese fakultativen Übungswochen liegen jeweils in den Monaten März und September.

Zu § 9 Inkrafttreten

(1) Die vorliegende Studienordnung wurde am 11.05.2000 vom Fachbereichsrat des Fachbereiches Vermessungswesen/Kartographie verabschiedet und vom Senat der Hochschule für Technik und Wirtschaft Dresden (FH) am 30.05.2000 beschlossen. Sie wurde dem Sächsischen Staatsministerium für Wissenschaft und Kunst mit Schreiben vom............ angezeigt. Die Anzeige wurde mit Schreiben vom ...., AZ .... bestätigt.

(2) Diese Ordnung tritt mit Wirkung vom 01.09.2000 in Kraft. Sie wird durch Aushang veröffentlicht und gilt für Studierende, die ihr Studium nach Inkrafttreten dieser Ordnung aufgenommen haben.

Prof. Dr.-Ing. Dr. h. c. G. Otto
Rektor

Anlage 3 Studienplan Grundstudium Vermessungswesen (Fernstudium)

Lehrgebiete	**Summe der Konsultationsstunden**	**1 (WS)**	**2 (SS)**	**3 (WS)**	**4 (SS)**	**5 (WS)**
Immatrikulation/ Einführung	4	4				
Mathematik	60	14	14	14	18	
Darstellende Geometrie	14	12	2			
Physik	27	12	12	3		
Informatik I: Grundlagen	13	13				
Informatik II: Programmierg.	26		11	15		
Vermessungstechnik	94	16	22	24	24	8
Kartographie	17				13	4
Geodätische Berechnungen	35	7	13	8	7	
Bürgerliches Gesetzbuch I	9				9	
CAD I	22		4	14	4	
Wahlpflichtfächer	9				3	6
Σ	330	78	78	78	78	(18)

Aus studienorganisatorischen Gründen leitet das Grundstudium im 5. Semester verzahnt in das Hauptstudium über. Die in der Summe der Konsultationsstunden für das 5. Semester im Grundstudium „fehlenden" 60 Stunden sind bereits dem Hauptstudium zugeordnet.
Wahlpflichtfächer: Geschichte der Geodäsie und Kartographie, Ökologie, Geomorphologie

Anlage 4 Studienplan Hauptstudium Vermessungswesen (Fernstudium)

Lehrgebiete	**Summe der Konsultationsstunden**	**5 (WS)**	**6 (SS)**	**7 (WS)**	**8 (SS)**	**9 (WS)**	**10 (SS)**
Ingenieurvermessung I	26	9	9	8			**D**
Liegenschaftskataster I	26	10	10	6			**I**
Photogrammetrie I	26	3	9	11	3		**P**
Fernerkundung	18			10	8		**L**
Geoinformationssysteme I	40	6	11	13	10		**O**
Ländliche Neuordnung	17	9	8				**M**
Planungs-, Bau-, Bodenrecht	13		2	11			**A**
Landesvermessung	23			11	12		**R**
CAD II	6	4	2				**B**
Verwaltungsrecht	9	7	2				**E**
Betriebswirtschaftslehre	9	3	6				**I**
Führung und Organisation	12		12				**T**

Managementtraining	10			3	7		
Ausgleichung	18	5	11	2			
Vertiefungsrichtung A Geoinformatik							
Informatik III	13				5	8	
Geoinformationssysteme II	22				4	18	
Photogrammetrie II	18					18	
Datenpräsent./ Multimedia	13				1	12	
Projektbearbeitung A	9					9	
Vertiefungsrichtung B Landmanagement							
Bürgerliches Gesetzbuch II: Sachenrecht	13				5	8	
Liegenschaftskataster II	18					18	
Städtische Bodenordnung	18					18	
Grundstücksbewertung	17				5	12	
Projektbearbeitung B	9					9	
Vertiefungsrichtung C Ingenieurvermessung							
Ingenieurvermessung II	18					18	
Bautechnik	13				4	9	
Industriemesssysteme	13				2	11	
Satellitengeodäsie	22				4	18	
Projektbearbeitung C	9					9	
Wahlpflichtlehrgebiet I	18			1	15	2	
Wahlpflichtlehrgebiet II	18			2	13	3	
Einführg. Diplomarbeit/ Exkursion						8	
Σ **Gesamtsumme**	372 602	(60)	78	78	78	78	

Wahlpflichtlehrgebiete: 2 aus nicht gewählten Vertiefungen A-C außer Projektbearbeitung

Studienordnung für den Studiengang Kartographie

vom 2000

nur Änderungen bzw. Unterschiede zur Studienordnung im Studiengang Vermessungswesen

Maskuline Personenbezeichnungen in dieser Ordnung gelten ebenso für Personen weiblichen Geschlechts

Inhaltsübersicht

Zu § 1 Geltungsbereich

(1) Diese Studienordnung gilt für alle Studierenden des Studienganges Kartographie.

Zu § 4 Fachbereiche, Studiengänge

(1) Die Ausbildung zum Diplom-Ingenieur (FH) erfolgt im Studiengang Kartographie.

(2) Der Studiengang Kartographie ist Teil des Fachbereiches Vermessungswesen/ Kartographie.

(3) Studienrichtungen im 7. Semester sind die Vertiefungen Digitale Medien und Geoinformationssysteme.

Zu § 5 Gliederung des Studiums, Regelstudienzeit

(1) Das Studium ist in zwei Studienabschnitte gegliedert:
1. Das Grundstudium umfasst die ersten drei Semester und schließt mit der Diplomvorprüfung ab.
2. Das Hauptstudium umfasst fünf Semester, eingeschlossen das praktische Studiensemester (6. Semester) und das Diplomsemester (8. Semester). Es schließt mit der Diplomprüfung ab.

Zu § 6 Art und Umfang des Lehrangebotes

(1) Zur praxisnahen Ausbildung im Studiengang Kartographie gehören ein praktisches Studiensemester im sechsten Semester, eine kartographische Projektarbeit (Komplexbeleg) über zwei Semester und eine Pflichtexkursion.

(5) Im Hauptstudium ist eine Vertiefungsrichtung vor Beginn des 7. Semesters zu wählen.

Diplomprüfungsordnung für die Vermessungswesen (Direktstudium), Kartographie (Direktstudium), Vermessungswesen (Vollzeit-Fernstudium)

Vom 30. Mai 2000

Aufgrund von § 24 Abs. 1 des Gesetzes über die Hochschulen im Freistaat Sachsen (Sächsisches Hochschulgesetz - SächsHG) vom 11. Juni 1999 hat die Hochschule für Technik und Wirtschaft Dresden (FH) diese Diplomprüfungsordnung des Fachbereiches Vermessungswesen/Kartographie erlassen.

Diese Diplomprüfungsordnung gilt für alle Studiengänge des Fachbereiches Vermessungswesen/Kartographie, soweit nicht folgende Differenzierung erfolgt:
(Verm) = Vorschrift gilt für den Studiengang Vermessungswesen (Direktstudium),
(Kart) = Vorschrift gilt für den Studiengang Kartographie (Direktstudium),
(Fern) = Vorschrift gilt für den Studiengang Vermessungswesen (Vollzeit-Fernstudium).

Inhaltsverzeichnis

Auszüge

Maskuline Personenbezeichnungen in dieser Ordnung gelten ebenso für Personen weiblichen Geschlechts.

1. Allgemeines

§ 1 Geltungsbereich

(1) Die Diplomprüfungsordnung des Fachbereiches Vermessungswesen/Kartographie der Hochschule für Technik und Wirtschaft Dresden (FH) (HTWD) legt Grundsätze für die zur Durchführung des Studiums an der HTWD in den Studiengängen Vermessungswesen (Direktstudium), Kartographie (Direktstudium) und Vermessungswesen (Vollzeit-Fernstudium) erforderlichen Prüfungsleistungen und Prüfungsverfahren fest. Sie wird durch die Allgemeine Studienordnung der HTWD, die Immatrikulationsordnung der HTWD, die Externenordnung der HTWD sowie durch die Studienordnung des Fachbereiches ergänzt.

(2) Diese Ordnung gilt für das Fernstudium insoweit, als dessen Eigenart keine Abweichungen erfordert.

§ 2 Regelstudienzeit, Studienaufbau

(1) Die Regelstudienzeit beträgt für das grundständige Direktstudium acht Semester. Sie umfasst die theoretischen Studiensemester, das praktische Studiensemester und die Prüfungen einschließlich der Diplomarbeit.

(2) *(Verm, Kart)* Das grundständige Direktstudium in den Studiengängen Vermessungswesen und Kartographie gliedert sich in ein dreisemestriges Grundstudium, das mit der Diplom-Vorprüfung abschließt, und in ein fünfsemestriges Hauptstudium, das mit der Diplomprüfung abschließt und innerhalb dessen ein praktisches Studiensemester zu leisten ist.

(3) Die Regelstudienzeiten für Fernstudien werden wie folgt festgelegt:
(Fern) Die Regelstudienzeit für das Vollzeit-Fernstudium im Studiengang Vermessungswesen beträgt zehn Semester einschließlich Diplomarbeit.
Das Grundstudium im Vollzeitfernstudium endet mit dem fünften Semester und leitet aus studienorganisatorischen Gründen bereits partiell im fünften Semester in das Hauptstudium über.

(5) Ein praktisches Studiensemester ist in der Regel in einem Betrieb oder in einer anderen Einrichtung der Berufspraxis mit einem Umfang von mindestens 20 Wochen Vollzeitbeschäftigung zu leisten.
(Verm, Kart) Die Regelstudienzeit des Direktstudiums beinhaltet ein praktisches Studiensemester im fünften Fachsemester (*Verm*) bzw. im sechsten Fachsemester (*Kart*). Das praktische Studiensemester kann nicht durch eine berufspraktische Tätigkeit, die vor dem Studium liegt, ersetzt werden. Einzelheiten über die Durchführung des praktischen Studiensemesters regelt die Praktikumsordnung des Studienganges.
(*Fern*) Für das Vollzeitfernstudium ist kein praktisches Studiensemester vorgesehen. Die erforderlichen praktischen Ausbildungsinhalte sind durch die Studierenden in ihren Dienststellen im Vermessungswesen bzw. in artverwandten Bereichen durch Studienaufträge innerhalb der einzelnen Lehrgebiete studienbegleitend zu erarbeiten und nachzuweisen.

(6) (*Verm, Kart*) Bis zum Abschluss des 3. Semesters ist eine berufspraktische Tätigkeit (Vorpraxis) von 12 Wochen nachzuweisen. Davon sind im Regelfall sechs bis acht Wochen vor Aufnahme des Studiums zu erbringen. Bei Nachweis einer einschlägigen, berufsbezogenen Tätigkeit kann die

zu erbringende Vorpraxis auf Antrag ganz oder teilweise entfallen.
(Fern) Für das Vollzeitfernstudium entfällt das Vorpraktikum, wenn die Studierenden spätestens mit dem Beginn des ersten Semesters eine berufliche Tätigkeit im Vermessungswesen bzw. in einem artverwandten Bereich nachweisen können.

§ 3 Aufbau der Prüfungen, Prüfungsfristen

(1) Die Diplom-Vorprüfung besteht aus Fachprüfungen, die Diplomprüfung aus Fachprüfungen und der Diplomarbeit einschließlich Verteidigung. Fachprüfungen werden in der Regel studienbegleitend abgenommen.

(2) Die Gesamtzahl der Fachprüfungen der Diplom-Vorprüfung und der Diplomprüfung darf 40 nicht überschreiten. Während eines Prüfungsabschnittes dürfen in der Regel höchstens sieben Prüfungen vorgesehen werden. Mindestens 10 % der Prüfungen sind als mündliche Prüfungen durchzuführen Diese Regelung gilt aus organisatorischen Gründen nicht im Fernstudium. Prüfungsvorleistungen gelten nicht als Prüfungen im Sinne von § 6.
Bis zu einem Drittel aller Prüfungsleistungen kann in der Regel durch prüfungsrelevante Studienleistungen erbracht werden.

(6) Die Prüfungen liegen in Prüfungsabschnitten zwischen den Ausbildungssemestern. Nach- und Wiederholungsprüfungen können in der letzten Woche vor und in der ersten Woche nach Lehrveranstaltungsbeginn eines jeden Semesters durchgeführt werden, im Ausnahmefall auch darüber hinaus.
(Fern) Die Prüfungen liegen in der Regel innerhalb derjenigen Konsultationen, in denen das Lehrgebiet abschließt. Gesonderte Prüfungsabschnitte sind nicht vorgesehen.

(7) Prüfungen dürfen, soweit sie für Studenten höherer Fachsemester angeboten werden, bei Vorliegen der Zulassungsvoraussetzungen auf Antrag des Kandidaten an den Prüfungsausschuss vor dem in den Prüfungsordnungen der Studiengänge vorgesehenen Zeitpunkt abgelegt werden, ausgenommen im ersten Fachsemester. In diesem Fall gilt eine nicht bestandene Prüfung als nicht stattgefunden. Dieses Verfahren ist für jede Fachprüfung nur einmal zulässig.
Auf Antrag des Kandidaten an den Prüfungsausschuss kann in den Fällen des Satzes 1 eine bestandene Prüfung zur Aufbesserung der Note zum in der Diplomprüfungsordnung des Studiengangs vorgesehenen Zeitpunkt einmal wiederholt werden, dabei zählt das jeweils bessere Ergebnis.

(8) Überschreitet ein Student aus von ihm selbst zu vertretenden Gründen die Regelstudienzeit für das Grundstudium um mehr als ein Semester bzw. das Gesamtstudium um mehr als zwei Semester, dann gelten die noch nicht abgelegten Fachprüfungen der Diplom-Vorprüfung bzw. der Diplomprüfung als erstmals abgelegt und nicht bestanden.
Im übrigen gilt § 12 Abs. 1.

§ 6 Prüfungsleistungen, Prüfungsgegenstand

(1) Die Prüfungsleistungen der Fachprüfungen zur Diplom-Vorprüfung bzw. zur Diplomprüfung werden durch folgende Prüfungsformen erbracht:
1. mündliche Prüfungen entsprechend § 7 und/oder
2. schriftliche Prüfungen entsprechend § 8 und/oder
3. prüfungsrelevante Studienleistungen entsprechend § 9.

Als Teil der Diplomprüfung ist eine Diplomarbeit entsprechend § 24 anzufertigen und zu verteidigen.

§ 9 Prüfungsrelevante Studienleistungen

(1) Bei prüfungsrelevanten Studienleistungen gelten bestimmte im Rahmen der dem Prüfungsfach zugeordneten Lehrveranstaltungen erbrachte Studienleistungen als Prüfungsleistungen, sofern die Studienleistungen nach Anforderung und Verfahren Prüfungsleistungen gleichwertig sind. In der Regel besteht eine prüfungsrelevante Studienleistung aus mehreren Studienleistungen.
Studienleistungen können sein: Referate, Klausuren, sonstige schriftliche oder zeichnerische Ausarbeitungen (Belege, Projekte, Entwürfe u. dgl.), Laborpraktikumsversuche, praktische Leistungen (Modelle, Versuchsaufbauten u. dgl.), Softwareprodukte, usw..

(3) Prüfungsrelevante Studienleistungen werden hinsichtlich Bewertung, Bestehen und Wiederholung wie Prüfungsleistungen behandelt.

§ 10 Bewertung von Prüfungsleistungen

(1) Für die Bewertung der Prüfungsleistungen sind folgende Noten zu verwenden:

1 = sehr gut = eine hervorragende Leistung;
2 = gut = eine Leistung, die erheblich über den durchschnittlichen Anforderungen liegt;
3 = befriedigend = eine Leistung, die durchschnittlichen Anforderungen entspricht;
4 = ausreichend = eine Leistung, die trotz ihrer Mängel noch den Anforderungen genügt;
5 = nicht ausreichend = eine Leistung, die wegen erheblicher Mängel den Anforderungen nicht mehr genügt.

Zur differenzierten Bewertung von Teilleistungen von Fachprüfungen können Zwischenwerte durch Erniedrigen oder Erhöhen der einzelnen Noten um 0,3 gebildet werden; die Noten 0,7; 4,3; 4,7 und 5,3 sind dabei ausgeschlossen.

(2) Eine Fachprüfung ist bestanden, wenn die Note mindestens "ausreichend" (4,0) ist.

(3) Bei der Bildung von Fachnoten und der Gesamtnote wird nur die erste Dezimalstelle hinter dem Komma berücksichtigt, alle weiteren Stellen werden ohne Rundung gestrichen, sofern nicht durch Rechtsvorschriften anderes bestimmt ist.

§ 11 Wiederholung von Prüfungen

(2) Nichtbestandene Prüfungen dürfen einmal wiederholt werden. Eine zweite Wiederholung ist nur in besonders begründeten Ausnahmefällen zulässig. Fehlversuche an anderen Fachhochschulen sind anzurechnen.
Wiederholungsprüfungen dürfen auch während einer Beurlaubung vom Studium an der HTWD abgelegt werden.

(7) Antragstellern, die sich im Grundstudium befinden, und denen bereits eine zweite Wiederholungsprüfung genehmigt wurde, kann in der Regel keine weitere zweite Wiederholungsprüfung in einem anderen Fach genehmigt werden.
Eine nicht bestandene, nicht termingemäß beantragte oder nicht genehmigte zweite Wiederholungsprüfung zieht den Verlust des Prüfungsanspruchs nach sich.

(10) Eine Diplomarbeit darf höchstens einmal wiederholt werden. In der Regel kann die Anfertigung einer zweiten Diplomarbeit mit einem neuen oder wesentlich geänderten Diplomthema vier Wochen nach Bekanntgabe des negativen Urteils über die erste Diplomarbeit beginnen.

§ 12 Prüfungsanspruch

(1) Ein Kandidat besitzt keinen Prüfungsanspruch mehr, wenn er aus von ihm selbst zu vertretenden Gründen die Diplom-Vorprüfung einschließlich etwaiger Wiederholungsprüfungen nicht innerhalb von zwei Semestern nach Abschluss des Grundstudiums erfolgreich abgelegt hat, oder
er aus von ihm selbst zu vertretenden Gründen die Diplomprüfung einschließlich etwaiger Wiederholungsprüfungen nicht innerhalb von sechs Semestern nach Abschluss der Regelstudienzeit erfolgreich abgelegt hat, oder
er eine zweite Wiederholungsprüfung nicht bestanden hat, oder
er eine zweite Wiederholungsprüfung nicht termingemäß beantragt hat oder zu ihr nicht zugelassen wurde, oder
die erste Wiederholung der Diplomarbeit mit "nicht ausreichend" (5,0) bewertet wurde, oder
er vom Prüfungsausschuss von der Erbringung weiterer Prüfungsleistungen entsprechend § 16 Abs. 3 ausgeschlossen wurde.

§ 13 Anrechnung von Studienzeiten, Studienleistungen und Prüfungsleistungen

(1) Studienzeiten, Studienleistungen und Prüfungsleistungen aus nicht abgeschlossenen Studien werden ohne Gleichwertigkeitsprüfung angerechnet, wenn sie an einer Fachhochschule in der Bundesrepublik Deutschland in einem Studiengang erbracht wurden, der derselben Rahmenordnung unterliegt. In diesem Studiengang wird bei derselben Anzahl von theoretischen Studiensemestern im Grundstudium die Diplom-Vorprüfung ohne Gleichwertigkeitsprüfung anerkannt. Soweit die Diplom-Vorprüfung Fächer nicht enthält, die an der HTWD Gegenstand der Diplom-Vorprüfung, nicht aber der Diplomprüfung, sind, ist eine Anerkennung mit Auflagen möglich.

(2) Studienzeiten, Studienleistungen und Prüfungsleistungen in Studiengängen an Hochschulen, die nicht unter Absatz 1 fallen, werden angerechnet, soweit die Gleichwertigkeit gegeben ist.

(3) Studienzeiten, Studienleistungen und Prüfungsleistungen nach Absatz 1 und 2 werden nur angerechnet, wenn zwischen Ende des nicht abgeschlossenen Studiums und Beginn des Studiums an der HTWD der Zeitraum von drei Jahren nicht überschritten wird. Das gilt auch für Leistungen aus einem Studium an der HTWD.

(4) Studienzeiten, Studienleistungen und Prüfungsleistungen aus abgeschlossenen Hochschulstudien können nach Einzelfallprüfung anerkannt werden, wenn zwischen Ende des abgeschlossenen Studiums und Beginn des Studiums an der HTWD der Zeitraum von fünf Jahren nicht überschritten wird.

§ 17 Zeugnisse, Diplomurkunden, Bescheinigungen

(3) Aufgrund der bestandenen Diplomprüfung wird entsprechend dem Studiengang der akademische Diplomgrad mit dem Zusatz "Fachhochschule (FH)"

Diplom-Ingenieur/in (FH)
Dipl.-Ing. (FH)

verliehen.

§ 18 Zusatzfächer

(1) Der Kandidat kann sich außer in den vorgeschriebenen Fächern noch in weiteren an der HTWD oder anderen Hochschulen angebotenen Prüfungsfächern (Zusatzfächer) prüfen lassen.

2. Diplom-Vorprüfung

§ 20 Fachliche Zulassungsvoraussetzungen

(1) *(Verm, Kart)* Die erfolgreiche Absolvierung des Vorpraktikums gilt als zusätzliche, fachliche Zulassungsvoraussetzung zur Diplom-Vorprüfung.

3. Diplomprüfung

§ 22 Ziel und Umfang der Diplomprüfung

(2) Die Diplomprüfung besteht aus
1. schriftlichen Prüfungen und/oder
2. mündlichen Prüfungen und/oder
3. prüfungsrelevanten Studienleistungen und
4. der Diplomarbeit einschließlich Verteidigung.

(3) Die Fachprüfungen der Diplomprüfung werden in der Regel studienbegleitend im Anschluss an die jeweiligen Lehrveranstaltungen des Hauptstudiums durchgeführt.

§ 23 Fachliche Zulassungsvoraussetzungen

(1) Zum ersten Prüfungsabschnitt der Diplomprüfung kann nur zugelassen werden, wer die Diplom-Vorprüfung im betreffenden Studiengang an einer Fachhochschule in der Bundesrepublik Deutschland bestanden oder eine gemäß § 13 Abs. 2 als gleichwertig angerechnete Prüfungsleistung erbracht hat. Die Zulassung kann auch erfolgen, wenn erste Wiederholungsprüfungen von Fachprüfungen der Diplom-Vorprüfung noch nicht abgelegt sind.

(2) Mit einer noch nicht abgelegten zweiten Wiederholungsprüfung der Diplom-Vorprüfung ist der Kandidat von allen bzw. allen weiteren Prüfungen im Hauptstudium ausgeschlossen.

(3) Zum letzten Prüfungsabschnitt der Diplomprüfung (vor der Ausgabe des Themas der Diplomarbeit) kann nur zugelassen werden, wer
die Diplom-Vorprüfung bestanden hat,
das Praktische Studiensemester nach Maßgabe der Praktikumsordnung des Studienganges erfolgreich geleistet hat und
(Kart) die kartographische Projektarbeit (Komplexbeleg) erfolgreich absolviert haben.

§ 24 Diplomarbeit

(5) Das Thema kann nur einmal und nur innerhalb der ersten vier Wochen der Bearbeitungszeit zurückgegeben werden.

(6) Die Bearbeitungszeit für die Diplomarbeit darf drei Monate nicht überschreiten. Wird die Diplomarbeit in einer Einrichtung außerhalb der HTWD oder mit starkem Praxisbezug durchgeführt, kann die Bearbeitungszeit entsprechend verlängert werden, höchstens jedoch auf insgesamt fünf Monate.
(Fern) Die Bearbeitungszeit der Diplomarbeit beträgt vier Monate.
Ist die Fertigstellung der Diplomarbeit im vorgegebenen Bearbeitungszeitraum aus unvorhersehbaren Gründen, die vom Kandidaten nicht zu vertreten sind, nicht möglich, kann auf schriftlichen Antrag durch den Prüfungsausschuss ausnahmsweise

eine Verlängerung um höchstens einen Monat, bei nachgewiesener Krankheit auch darüber hinaus, gewährt werden.

(11) Eine mit mindestens "ausreichend" (4,0) bewertete Diplomarbeit ist im Fachbereich vor einer Prüfungskommission öffentlich zu verteidigen. Der Prüfungskommission gehören die zwei Prüfer und im Bedarfsfall ein weiterer Hochschullehrer an, der vom Prüfungsausschuss benannt wird.
Die Verteidigung ist zu bewerten. Das Ergebnis ist eine Note, die aus der Bewertung eines Vortrages zur Diplomarbeit (Vortragsdauer in der Regel 20 Minuten) und der mündlichen Verteidigung der Diplomarbeit gebildet wird. Bei der Bewertung der Verteidigung mit der Note "nicht ausreichend" (5,0) kann die Verteidigung einmal innerhalb von vier Wochen wiederholt werden. Wird die Verteidigung erneut mit "nicht ausreichend" (5,0) bewertet, dann gilt die Diplomarbeit als nicht bestanden.
Die Dauer der Verteidigung soll in der Regel 60 Minuten nicht überschreiten.
(Fern) Eine Verteidigung der Diplomarbeit kann unterbleiben, wenn dies beide Prüfer einvernehmlich für die Bildung der Gesamtnote nicht für erforderlich halten und entsprechend schriftlich begründen.

(12) Die Gesamtnote der Diplomarbeit wird aus dem arithmetischen Mittel der Note der Diplomarbeit und der Note der Verteidigung gebildet, wobei jede einzelne Note mindestens "ausreichend" (4,0) sein muss.
(Fern) Für den Fall des Verzichts auf Verteidigung (§ 24 Abs. 11) wird die Gesamtnote der Diplomarbeit aus dem arithmetischen Mittel der Einzelbewertungen gemäß § 24 Abs. 10 gebildet, wobei jede einzelne Note mindestens "ausreichend" (4,0) sein muss.

§ 25 Bewertung

(2) Die Gesamtnote der Diplomprüfung errechnet sich aus dem Durchschnitt der Fachnoten der Diplomprüfung und der Gesamtnote der Diplomarbeit im Verhältnis 2 : 1.

4. Schlussbestimmungen

§ 29 Inkrafttreten

Die vorliegende Diplomprüfungsordnung des Fachbereiches Vermessungswesen/ Kartographie (DPO-Verm/Kart) wurde vom Fachbereichsrat des Fachbereiches Vermessungswesen/Kartographie am 11.05.2000 beschlossen und vom Senat der HTW Dresden (FH) am 30.05.2000 bestätigt. Sie ist durch das Sächsische Staatsministerium für Wissenschaft und Kunst mit Erlass vom ...., AZ .... genehmigt worden.

Sie tritt mit Wirkung vom 01. 09. 2000 in Kraft und wird durch Aushang veröffentlicht. Für Studierende des Immatrikulationsjahrgangs 1999 tritt diese Ordnung mit Beginn des Hauptstudiums in Kraft.

Prof. Dr.-Ing. Dr. h. c. G. Otto
Rektor

Universität Gesamthochschule Essen

Studiengang	**Vermessungswesen**
Fachbereich:	**Vermessungswesen**
Dekan:	Prof. Dr.-Ing. Heinz-Jürgen Przybilla
Prodekan:	Prof. Dr.-Ing. Walter Rocholl
Studienberatung:	Prof. Dr.-Ing Rudolf Staiger
Anschrift:	Henri-Dunant-Str. 65 **45131 Essen**
Telefon:	02 01/1 83 73 10
Fax:	02 01/1 83 73 79
E-mail:	Verm.dekanat@uni-essen.de
homepage:	http://www.vermessung.uni-essen.de

Summe der Professoren auf Planstellen	14
Summe der Lehrbeauftragten (Studium)	3
Summe der Laboringenieure auf Planstellen	4
Summe der Technischen Mitarbeiter auf Planstellen	3,5

Studenten:	**1996**	**1997**	**1998**	**1999**
Studienanfänger:	62	58	40	36
Absolventen:	44	59	55	28
Studiendauer (Median):	9,5 Semester			
Regelstudienzeit:	7 Semester			
davon Praxissemester:	0			
Vorpraktikum:	26 Wochen			

Labore

1.	Name des Labors:	Graphische Datenverarbeitung
	Leitung:	Prof. Dipl.-Ing. Hartmut Muck
	Telefon:	02 01/ 1 83 73 41
	e-mail:	Hartmut.muck@uni-essen.de

2.	Name des Labors:	Geodätische Meßtechnik
	Leitung:	Prof. Dr.-Ing. Rudolf Staiger
	Telefon:	02 01/ 1 83 73 25
	e-mail:	Rudolf.staiger@uni-essen.de
3.	Name des Labors:	Kartographie
	Leitung:	Prof. Dr.-Ing. Peter Mesenburg
	Telefon:	02 01/ 1 83 73 35
	e-mail:	Peter.mesenburg@uni-essen.de
4.	Name des Labors:	Photogrammetrie
	Leitung:	Prof. Dr.-Ing. Helmut Rüdenauer
	Telefon:	02 01/ 1 83 73 52
	e-mail:	Ruedenauer@uni-essen.de
5.	Name des Labors:	Liegenschafts- und Planungswesen
	Leitung:	Prof. Dr.-Ing. Hans-Rainer Kulpe
	Telefon:	02 01/1 83 73 67
	e-mail:	Kulpe@uni-essen.de
6.	Name des Labors:	Satellitengeodäsie
	Leitung:	Prof. Dr.-Ing. Hans Fröhlich
	Telefon:	02 01/1 83 73 53
	e-mail:	Hans.fröhlich@uni-essen.de
7.	Name des Labors:	Ingenieurvermessung
	Leitung:	Prof. Dr.-Ing. Günter Wittmann
	Telefon:	02 01/ 1 83 74 42
	e-mail:	Wittmann@uni-essen.de

Studiengang Vermessungswesen

Übersicht über die Lehrfächer und Prüfungen gemäß
der Studien- und Prüfungsordnung vom: 05.02.1997 / 15.08.1996

Lehrfach	Studienabschnitt			Prüfungsleistungen			
	Grund- studium V + Ü	Haupt- studium V + Ü	Vertiefungs- studium V + Ü	Grund- studium		Haupt- studium	
				Schein Beleg	Prü- fung	Schein Beleg	Prü- fung
Mathematik	10+4				2		
Geometrie	2+1				1		
Fehlerlehre/ Ausgleichsrechnung	2+1/ 2+2				1/		-/1
Grundlagen der Informatik	4+3P			mdl. Klausur o. häusl. Ausarb.			
Physik, Optik, Elektronik	4+2+2P				2		
Vermessungskunde/ Instrumentenkunde	6+15P 6+2P		4+6P	3 2	1		1
Ingenieurgeodäsie	2	2+5P	6+3P+1S	1		1/2	1
Recht/ Verwaltungsgrundl.	2				1		
Photogrammetrie	1+1P	1+1P	6+3P+1S	1		1/2	1
Fernerkundung/ Digit. Bildverarbeitung		1+1P				1	
Kartographie	1+1	1+1P	4+6P	häusl. Ausarb.			1+1
Geoinformationssysteme		6	4+6P				1
Landesvermessung		2+5P	4+6P				1
Satellitengeodäsie	2	3					
Bauwesen	3	1		1			
Kataster/ Liegenschaftswesen	5 + 1 + 5P	3+1	6+3P+1S	1		1/2	1
Grundstücksbewertung		1					
Seminare			1S				
Trigonometrie	2+1				1		
Geod. Rechnen	4+2			1			
GDV	1+2P		4+6P				1+1
Graph. Interakt. Planung			4+6P			1 oder	Ausarb

Wahlstudien(außerfachl.)	insgesamt 12		1			
Studienarbeiten	ca. 27 pro Semester					
Dauer der Diplomarbeit	mindestens 2 Monate, maximal 3 Monate					

Hinweise und Anmerkungen

1. **Vorpraktikum**: – Erforderlicher Umfang: 13 Wochen vor Beginn des Studiums sowie
13 Wochen bis zum Ende des 4. Semesters

2. **Exkursionen** nach Bedarf

Studienordnung für den Fachhochschulstudiengang Vermessungswesen an der Universität - Gesamthochschule Essen

vom 5. Februar 1997

Aufgrund § 1 Abs. 3 des Gesetzes über die Universitäten des Landes Nordrhein-Westfalen (UG) in der Fassung der Bekanntmachung vom 03.08.1993 (GV. NW. S. 532), geändert durch Gesetz vom 19.06.1994 (GV. NW. S. 428) in Verbindung mit § 2 Abs. 4 und § 61 Abs. 1 des Gesetzes über die Fachhochschulen im Lande Nordrhein-Westfalen (FHG) in der Fassung der Bekanntmachung vom 03.08.1993 (GV. NW. S. 564) geändert durch Gesetz vom 07.03.1995 (GV. NW. 5.192) hat die Universität Gesamthochschule Essen (im folgenden Universität - GH Essen genannt) die folgende Studienordnung erlassen:

Inhaltsübersicht

Auszug

Maskuline Personenbezeichnungen in dieser Ordnung gelten ebenso für Personen weiblichen Geschlechts.

§ 1 Geltungsbereich

Diese Studienordnung regelt auf der Grundlage der Diplomprüfungsordnung vom 20. Mai 1996 (GABI. NW S. 473) das Studium des Fachhochschulstudienganges Vermessungswesen an der Universität – GH Essen.

§ 2 Qualifikation und weitere Einschreibungsvoraussetzungen

(1) Die Qualifikation für das Studium wird durch ein Zeugnis der Fachhochschulreife oder eine als gleichwertig anerkannte Vorbildung nachgewiesen. Als weitere Voraussetzung der Einschreibung wird der Nachweis einer praktischen Tätigkeit gefordert.

(2) Der Nachweis der praktischen Tätigkeit gilt als erbracht, wenn die Studienbewerber die Qualifikation für das Studium durch das Zeugnis der Fachhochschulreife einer Fachoberschule für Technik (Fachrichtung Vermessungswesen) erworben haben oder eine abgeschlossene berufliche Ausbildung als Vermessungstechniker nachweisen.

(3) Studienbewerber, die Voraussetzungen des Abs. 2 nicht erfüllen, müssen ein Grundpraktikum und ein Fachpraktikum von je 13 Wochen leisten. Dabei ist zumindest das Grundpraktikum vor Aufnahme des Studiums abzuleisten und bei der Einschreibung nachzuweisen.

(4) Die Studenten müssen (in Ausnahmefällen) die fehlenden Zeiten des Grundpraktikums zum frühesten Zeitpunkt nachholen; der entsprechende Nachweis ist in der Regel bis zum Beginn des zweiten Studiensemesters zu führen. Das Fachpraktikum kann vor Aufnahme des Studiums abgeleistet werden, ist aber spätestens bis zum Ende des vierten Semesters nachzuweisen.

(5) Zur Ausbildung von Praktikanten kommen alle Behörden, Betriebe und Personen in Betracht, die auch zur Einstellung Auszubildender befugt sind. Ausbildungs- und Praktikumszeiten in der Abteilung Markscheidewesen eines Bergbaubetriebes bzw. bei einem freiberuflichen zugelassenen Markscheider werden bis zu 13 Wochen auf das Grund- und Fachpraktikum angerechnet.

(6) Auf Antrag können fachbezogene Ausbildungszeiten in entsprechenden Einheiten der Bundeswehr bis zu 13 Wochen auf das Grund- und Fachpraktikum angerechnet werden.

(9) Zum Studium berechtigt auch eine Einstufungsprüfung nach § 45 FHG und nach der Einstufungsprüfungsordnung der Universität - GH - Essen vom 6. April 1988.

§ 3 Studienbeginn

(1) Das Studium beginnt grundsätzlich zum Wintersemester.

(2) Die Lehrveranstaltungen werden im Jahresrhythmus angeboten.

§ 4 Regelstudienzeit und Umfang des Studiums

(1) Die Regelstudienzeit beträgt einschließlich der Diplomprüfung sieben Semester. Sie gliedert sich in das Grundstudium (l.-3. Semester) und das Hauptstudium (ab dem 4. Semester).

(2) Das Studium umfaßt im Pflicht-, Wahlpflicht und Wahlbereich insgesamt 165 Semesterwochenstunden (SWS).

Hiervon entfallen
115 SWS auf Pflichtveranstaltungen
38 SWS auf Wahlpflichtveranstaltungen
12 SWS auf Wahllehrveranstaltungen

§ 6 Inhalte des Studiums

(1) Das anwendungsorientierte Studium des Vermessungswesens muß sich weitestgehend an den besonderen Gegebenheiten des Berufsbildes des Vermessungsingenieurs ausrichten. Diese sind gekennzeichnet durch ein breites Tätigkeitsspektrum, das von der amtlichen Landes- und Katastervermessung über die Ingenieurvermessung, die Photogrammetrie, die Kartographie und graph. Datenverarbeitung bis hin zur Agrarordnung und städtischen Bodenordnung reicht.

(2) Diese Gegebenheiten erfordern mit 115 SWS einen relativ hohen Anteil der Pflichtstudien in den Grundlagen- und Kernfächern des Vermessungswesens im Grund- und Hauptstudium. Mit 38 SWS Wahlpflichtstunden ist eine gewisse Schwerpunktbildung vorgesehen, die durch 12 SWS Wahlstudien sinnvoll ergänzt wird.

(4) Wahlpflichtstudien sollen den Studenten eine gewisse Schwerpunktbildung entsprechend ihren individuellen Neigungen und Berufswünschen ermöglichen. Sie werden wie folgt angeboten:

Wahlpflichtbereich 1 — 10 SWS
1) Ingenieurvermessung
2) Liegenschafts- und Planungswesen
3) Photogrammetrie

In diesen Vertiefungsfächern werden vorwiegend Projekte behandelt, die der praktischen Arbeit des Vermessungsingenieurs entsprechen und den Studenten Methoden zur Lösung von Problemen auch fachübergreifender Art vermitteln. Wesentliche Bestandteile der Wahlpflichtfächer sind daher auch fachbezogene Exkursionen.

Wahlpflichtbereich 2 — 10 SWS

Neben den Veranstaltungen aus dem Wahlpflichtbereich 1 werden für Fachgebiete des Hauptstudiums mit Fachprüfungen, jeweils im 5. und 6. Semester, einsemestrige Vertiefungsveranstaltungen im Umfang von je 5 SWS angeboten. Derzeit werden Themen aus folgenden Bereichen angeboten: Instrumentenkunde, Graphische Datenverarbeitung, Kartographie, Landesvermessung/Ausgleichung und Graphisch-Interaktive Planung.

Wahlpflichtbereich 3 — 18 SWS

Ergänzend zu den Veranstaltungen aus den Wahlpflichtbereichen 1 und 2 werden einsemestrige Praktika im Gesamtumfang von 18 SWS mehrfach mit unterschiedlichen inhaltlichen Schwerpunkten angeboten. Die Studenten müssen jeweils eines der Praktika 1 oder 2 zu den folgenden Fachgebieten des Hauptstudiums wählen:

-Katastervermessung (Prakt. I/II)	5 SWS
-Ingenieurvermessung (Prakt.I/II)	5 SWS
-Landesvermessung (Prakt.I/II)	5 SWS
-Nahbereichsphotogr. (Prakt.I/II)	1 SWS
-Luftbildphotogr. (Prakt.I/II)	1 SWS
-Fernerkundung/Digitale Bildverarbeitung (Prakt.I/II)	1 SWS
Summe Wahlpflichtstudien	38 SWS

(5) Wahlstudien sind von Studenten zur Abrundung ihres Studiums aus dem Lehrangebot der Hochschule frei zu wählen. Unter Beachtung der abzulegenden Leistungsnachweise sind diese in einem Mindestumfang von **12 SWS** zu belegen, darunter sollen auch Lehrveranstaltungen zum Erwerb fremdsprachlicher Kenntnisse mit Bezug zum Studienfach sein. Wahlstudien können auch an einer anderen Hoch-

schule absolviert werden.

§ 7 Aufbau des Studiums

(1) Das anwendungsorientierte Studium des Vermessungswesens gliedert sich in das Grundstudium (1 - 3.Sem.) und das Hauptstudium (ab dem 4.Sem.)

(2) Das Grundstudium schließt mit dem Vordiplom ab.

(3) Zulassungsvoraussetzung zu den Fachprüfungen des Hauptstudiums ist eine bestandene Diplomvorprüfung.

§ 8 Lehrveranstaltungsarten

(1) Lehrveranstaltungen im Sinne dieser Studienordnung sind:
a) Vorlesungen b) Übungen
c) Praktika d) Seminare
e) Exkursionen.

§ 9 Diplomprüfung und Diplomgrad

(1) Die Diplomprüfung bildet den berufsqualifizierenden Abschluß des Studiums. Sie gliedert sich in studienbegleitende Prüfungen und die abschließende Diplomarbeit mit Kolloquium.

(3) Der abschließende Teil der Diplomprüfung besteht aus der Diplomarbeit und einem Kolloquium, das sich an die Arbeit anschließt. Das Thema der Diplomarbeit wird in der Regel zum Ende des sechsten Studiensemesters ausgegeben, so daß die Diplomprüfung mit dem Kolloqium vor Ablauf des folgenden Semesters abgeschlossen werden kann.

(4) Aufgrund der bestandenen Diplomprüfung wird der Hochschulgrad „Diplom-Ingenieurin (FH)“ oder „Diplom-Ingenieur (FH)“. verliehen.

§ 14 Inkrafttreten und Veröffentlichung

(1) Diese Studienordnung tritt am 01. September 1995 in Kraft.

Ausgefertigt aufgrund der Beschlüsse des Fachbereichsrats des Fachbereichs Vermessungswesen vom 07. 11. 1995 und des Senats der Universität- Gesamthochschule Essen vom 19. 12. 1995.

Diplomprüfungsordnung für den Fachhochschulstudiengang Vermessungswesen an der Universität - Gesamthochschule Essen

vom 20. Mai 1996

Aufgrund § 1 Abs. 3 des Gesetzes über die Universitäten des Landes Nordrhein-Westfalen (UG) in der Fassung der Bekanntmachung vom 3.08.1993 (GV. NW. S. 532), geändert durch Gesetz vom 19.06.1994 (GV. NW. S. 428), in Verbindung mit § 2 Abs. 4 und § 61 Abs. 1 des Gesetzes über die Fachhochschulen im Lande Nordrhein-Westfalen (FHG) in der Fassung der Bekanntmachung vom 3.08.1993 (GV. NW. S. 564), zuletzt geändert durch Gesetz vom 7.03.1995 (GV. NW. S. 192), hat die Universität — Gesamthochschule Essen die folgende Diplomprüfungsordnung als Satzung erlassen:

Inhaltsübersicht

Auszug

Maskuline Personenbezeichnungen in dieser Ordnung gelten ebenso für Personen weiblichen Geschlechts.

§ 1 Geltungsbereich der Diplom prüfungsordnung

(1) Diese Prüfungsordnung gilt für den Studiengang Vermessungswesen an der Universität GH Essen. Sie regelt die Diplomvorprüfung und die Diplomprüfung.

(2) Auf der Grundlage dieser Prüfungsordnung stellt die Hochschule eine Studienordnung auf. Die Studienordnung regelt den Inhalt und Aufbau des Studiums unter Berücksichtigung der fachlichen und hochschuldidaktischen Entwicklung und der Anforderungen der beruflichen Praxis.

§ 3 Diplomgrad

Aufgrund der bestandenen Diplomprüfung wird der Hochschulgrad „Diplom-Ingenieurin (FH)“ bzw. „Diplom-Ingenieur (FH)“ abgekürzt Dipl.Ing. (FH) verliehen.

§ 6 Prüfungen, Prüfungsperioden und Prüfungstermine

(1) Die Diplomvorprüfung besteht aus den in § 18 genannten Prüfungen des Grundstudiums.

(2) Die Diplomprüfung besteht aus den in § 21 genannten Prüfungen des Hauptstudiums, der Diplomarbeit (§§ 22 - 25) und dem Kolloquium (§ 26).

§ 7 Fachprüfungen, Leistungsnachweise und Zulassungsvoraussetzungen

(1) Eine Fachprüfung ist eine Prüfungsleistung in Form einer Klausurarbeit von drei bis vier Zeitstunden Dauer oder eine mündliche Prüfung von 30 Minuten bis 45 Minuten Dauer.

(2) Ein Leistungsnachweis ist die Bescheinigung über jeweils eine gemäß dieser Prüfungsordnung geforderte individuell erkennbare Studienleistung, die inhaltlich auf eine Lehrveranstaltung von höchstens 4 Semesterwochenstunden oder auf eine einsemestrige Lehrveranstaltung bezogen ist. Studienleistungen dieser Art sind insbesondere Klausur, Referat, Hausarbeit, Studienarbeit oder mündliche Prüfung.

(4) Fachprüfungen können zweimal wiederholt werden. Eine mit mindestens „ausreichend“ bewertete Fachprüfung kann nicht wiederholt werden. Fehlversuche in einem entsprechenden Fach in anderen Fachhochschulstudiengängen werden angerechnet. Die Regelung zum Freiversuch (§ 10) bleibt unberührt.

(6) Nicht bestandene Leistungsnachweise sind beliebig oft wiederholbar.

§ 9 Mündliche Prüfungen

(2) Mündliche Prüfungen werden in der Regel von einem Prüfer in Gegenwart eines sachkundigen Beisitzers oder vor mehreren Prüfern (Kollegialprüfung) als Gruppen- oder als Einzelprüfungen abgelegt. Hierbei wird jeder Kandidat in einem Prüfungsfach grundsätzlich nur von einem Prüfer geprüft. Vor der Festsetzung der Note hat der Prüfer den Beisitzer oder die anderen Prüfer zu hören.

§ 10 Freiversuch

(1) Legt ein Prüfling innerhalb der Regelstudienzeit (§ 5) zu dem in der Prüfungsordnung vorgesehenen Zeitpunkt oder früher erstmalig eine Fachprüfung ab und besteht er diese Prüfung nicht, so gilt sie als nicht unternommen (Freiversuch). Ein zweiter Freiversuch der gleichen Fachprüfung ist ausgeschlossen.

§ 11 Testatscheine

Für einzelne Lehrveranstaltungen sind unbenotete Testatscheine vorgesehen. Die betroffenen Lehrveranstaltungen sind in § 18 Abs. 4 und § 21 Abs. 5 aufgeführt.

§ 14 Anrechnung von Studien- und Prüfungsleistungen

(1) Einschlägige Studienzeiten an anderen Fachhochschulen oder in entsprechenden Studiengängen an anderen Hochschulen im Geltungsbereich des Grundgesetzes sowie dabei erbrachte Studien- und Prüfungsleistungen werden von Amts wegen angerechnet.

§ 16 Bewertung von Prüfungsleistungen

(1) Prüfungsleistungen sind durch Noten differenziert vom jeweiligen Prüfer zu beurteilen. Klausurarbeiten und sonstige schriftliche Arbeiten, deren Bestehen Voraussetzung für die Fortsetzung des Studiums ist, sind in der Regel, zumindest aber im Falle der letzten Wiederholungsprü-

fung, von zwei Prüfern zu bewerten.

(3) Für die Bewertung der Prüfungsleistungen sind folgende Noten zu verwenden:

1 = sehr gut = eine hervorragende Leistung,
2 = gut = eine Leistung die erheblich über den durchschnittlichen Anforderungen liegt.
3 = befriedigend = eine Leistung, die durchschnittlichen Anforderungen entspricht,
4 = ausreichend = eine Leistung, die trotz ihrer Mängel noch den Anforderungen genügt,
5 = nicht ausreichend (= nicht bestanden) = eine Leistung, die wegen erheblicher Mängel den Anforderungen nicht mehr genügt.

Zur weiteren Differenzierung der Bewertung können um 0.3 verminderte oder erhöhte Notenziffern verwendet werden, die Noten 0.7, 4.3, 4.7 und 5.3 sind ausgeschlossen.

§ 18 Diplomvorprüfung

(1) Die Diplomvorprüfung schließt das Grundstudium nach dem 3. Semester ab. Bestandteile der Diplomvorprüfung sind die studienbegleitenden Fachprüfungen des Grundstudiums (Abs. 2). Die Erbringung der in Abs. 3 genannten Leistungsnachweise sowie die Teilnahme an den in Absatz 4 genannten Veranstaltungen ist Voraussetzung für das Bestehen der Diplomvorprüfung. Prüfungsleistungen in einer Fachprüfung können durch gleichwertige Leistungen in einer Einstufungsprüfung (§ 15) gemäß § 45 Abs. 1 FHG ersetzt werden.
(4) Vor den Anmeldungen zu den Fachprüfungen muß an den zugehörigen Übungen, Seminaren und Praktika folgender Lehrveranstaltungen teilgenommen werden:
1. Instrumentenkunde
2. Vermessungskunde
3. eine wahlfreie zusätzliche Lehrveranstaltung (§ 19).

Für diese Übungen, Seminare und Praktika werden Testatscheine (§ 11) erteilt.

(6) Über das bestandene Vordiplom wird ein Zeugnis ausgestellt. Es enthält die einzelnen Fachprüfungen mit den Prüfungsergebnissen sowie die Gesamtnote gemäß Absatz 5.

§ 20 Wahlpflichtbereich

(1) Im Rahmen des Hauptstudiums wird den Studierenden ab dem 5. Semester in den Lehrveranstaltungen des Hauptstudiums mit Fachprüfungen (§ 21 Abs. 3) eine Schwerpunktausbildung angeboten.

(2) Für die folgenden Fachgebiete werden jeweils zweisemestrige Wahlpflichtveranstaltungen im 5. und 6. Semester angeboten (Wahlpflichtbereich 1):
- Ingenieurvermessung
- Liegenschafts- und Planungswesen
- Photogrammetrie.

Aus diesem Angebot ist von allen Studierenden ein Fachgebiet auszuwählen. Das gewählte Fachgebiet geht in die entsprechende Fachprüfung nach § 21 Abs. 3 Nr. 12, 14 oder 15 ein.

§ 21 Diplomprüfung

(2) Voraussetzung für die Teilnahme an der Diplomprüfung ist zusätzlich zu den Regelungen des § 7 die bestandene Diplomvorprüfung.

(5) Vor den Anmeldungen zu den Leistungsnachweisen und Fachprüfungen muß an den zugehörigen Übungen, Seminaren

und Praktika folgender Lehrveranstaltungen teilgenommen werden:
1. Bauwesen
2. Graphische Datenverarbeitung
3. Ingenieurvermessung
4. Katastervermessung
5. Photogrammetrie
6. Planungswesen und Bodenordnung

Für diese Veranstaltungen werden Testatscheine (§ 11) erteilt.

§ 22 Diplomarbeit

(1) Die Diplomarbeit und das anschließenden Kolloquium bilden den abschließenden Teil der Diplomprüfung.

(4) Die Studierenden können einen Vorschlag für das Thema der Diplomarbeit machen.

§ 26 Kolloquium

(1) Das Kolloquium ergänzt die Diplomarbeit und ist selbständig zu bewerten.

(4) Das Kolloquium wird als mündliche Prüfung durchgeführt und dauert etwa 30 bis maximal 45 Minuten. Die Prüfung wird von den zwei bzw. drei Prüfern der Diplomarbeit gemeinsam durchgeführt und bewertet.

§ 27 Ergebnis der Diplomprüfung, Diplomzeugnis und Diplomurkunde

(3) Das Diplomzeugnis über die bestandene Diplomprüfung enthält:

1. Die Gesamtnote des Vordiploms - sowie den Zeitpunkt und die Hochschule an der das Vordiplom abgelegt wurde,
2. Die Bezeichnungen und Noten der Fachprüfungen des Hauptstudiums,
3. Thema und Note der Diplomarbeit,
4. Note des Kolloquiums,
5. Gesamtnote entsprechend Absatz 4.

Die Bezeichnungen und Noten der Leistungsnachweise des Hauptstudiums werden in einer Anlage zum Zeugnis bescheinigt.

(4) Die Gesamtnote des Diplomzeugnisses wird unter Berücksichtigung von § 16 mit nachfolgenden Gewichtungen ermittelt:
- Arithmetisches Mittel aller Fachprüfungen des Hauptstudiums: Gewicht sechs
- Diplomarbeit: Gewicht drei
- Kolloquium: Gewicht eins.

Die Note des Vordiploms geht nicht in die Gesamtnote ein.

§ 32 Inkrafttreten, Übergangsregelungen

(1) Diese Diplomprüfungsordnung tritt mit Wirkung vom 1. September 1995 in Kraft.

Essen, den 20. Mai 1996
Der Rektor Univ.-Prof. Dr. E. Lehmann

Fachhochschule Frankfurt am Main
(University of Applied Sciences)

Studiengang	**Vermessungswesen**
Fachbereich:	**Vermessungswesen**
Dekan:	Prof. Dr. Walter Rumpf
Prodekan:	Prof. Dr. Peter Schuhr
Studiendekan:	Prof. Dr. Ebenfeld
Studienberatung:	Prof. Dr. Ebenfeld
Anschrift:	Nibelungenplatz 1 **60318 Frankfurt am Main**
Telefon:	0 69/ 15 33-23 49
Fax:	0 69/ 15 33-20 58
E-Mail:	dekan_g@fbg.fh-frankfurt.de
homepage:	http://www.fbg.fh-frankfurt.de

Summe der Professoren auf Planstellen	12
Summe der Lehrbeauftragten (Studium)	4
Summe der Laboringenieure auf Planstellen	2
Summe der Technischen Mitarbeiter auf Planstellen	2

Studenten:	**1996**	**1997**	**1998**	**1999**
Studienanfänger:	39	27	25	29
Absolventen:	32	26	22	20
Studiendauer (Median):	7-8 Semester			
Regelstudienzeit:	7 Semester			
davon Praxissemester:	0			
Vorpraktikum:	9 Monate davon 10 Wochen bis zum 1. Semester			

Labore

1.	Name des Labors:	Labor für geodätische Instrumente und Meßtechnik
	Leitung:	Prof. Wiemann / Prof. Flicke
2.	Name des Labors:	Labor für Photogrammetrie und Photographie
	Leitung:	Prof. Dr. Ebenfeld / Prof. Dr. Haag

3.	Name des Labors:	Labor für industrielle Meßtechnik
	Leitung:	Prof. Dr. Rumpf
4.	Name des Labors:	Labor für satellitengestützte Vermessung
	Leitung:	Prof. Dr. Schuhr

Studiengang Vermessungswesen

Übersicht über die Lehrfächer und Prüfungen
gemäß der Studien- und Prüfungsordnung vom: 10. April 1991

Lehrfach	Studienabschnitt			Prüfungsleistungen			
	Grund-studium V + Ü	Haupt-studium V + Ü	Vertiefungs-studium V + Ü	Grund-studium		Haupt-studium	
				Schein Beleg	Prü-fung	Schein Beleg	Prü-fung
Mathematik	4 + 6			x	x		
Math. Stat./ Fehlerlehre/ Ausgleichsrechnung	4 + 4	1 + 1	0 + 2			xx	xx
Grundlagen der Informatik	4 + 8		4 + 0	x	x		
Physik, Optik, Elektronik	3 + 2			x	x		
Geologie, Ökologie, Geomorphologie			2 + 0			x	x
Vermessungskunde/ Instrumentenkunde	6 + 13 3 + 4	2 + 5 2 + 2	2 + 0	xxx	xxx	x xx	x xx
Ingenieurgeodäsie		2 + 0	9 + 9 2 + 3			x xx	x xx
Recht/ Verwaltungs-grundlagen	4 + 0		2 + 0	x	x	x	x
Photogrammetrie	1 + 0	2 + 1	2 + 6 1 + 1	x	x	xx x	xx x
Fernerkundung/ Digitale Bildverarbeitung			6 + 10			x	x
Topographie/ Kartographie/ Kartennetze		2 + 1	2 + 6 1 + 1			x xx	x xx
Geoinformationssysteme			2 + 6			x	x
Höhere Geodäsie/ Landesvermessung			2 + 0			x	x

Lehrfach	Studienabschnitt			Prüfungsleistungen			
	Grund- studium V + Ü	Haupt- studium V + Ü	Vertiefungs- studium V + Ü	Grund- studium		Haupt- studium	
				Schein Beleg	Prü- fung	Schein Beleg	Prü- fung
Satellitengeodäsie/ Astronomie			2 + 2 2 + 0			x x	x x
Ingenieurbau/ Wasser- bau/ Bauwesen			5 + 3 2 + 0			x x	x x
Siedlungswesen/ Landes- planung			2 + 0			x	x
Kataster/ Liegenschafts- wesen		2 + 0	5 + 7			xx	xx
Neuordnung des ländlichen Raumes		1 + 0	5 + 3 2 + 2			xx	xx
Grundstücksbewertung			2 + 0 2 + 2			x x	x x
Geodätisches Rechnen	6 + 6	1 + 2		x			x
Industrielle Meßtechnik		2 + 0	4 + 4			xx	xx
Qualitätssicherung			2 + 0			x	x
Digitalisieren (ATKIS)			0 + 2			x	x
Freie Netze			1 + 1			x	x
Hauptvermessungsübung / Exkursionen	14 Tage		14 Tage				
Dauer der Diplomarbeit	3 Monate						

<u>Hinweise und Anmerkungen:</u>

1. **Vorpraktikum:** – Erforderlicher Umfang: 10 Wochen bis zum 1. Semester

2. **Hinweise zu studienbegleitenden Prüfungen:**
Nicht bewältigte Studienleistungen können ohne Einschränkungen wiederholt werden. Prüfungsleistungen sind nur beschränkt wiederholbar.

3. **Erläuterungen zum Vertiefungsstudium:**
- Fachstudium in 3 großen Schwerpunkten (WP I) - nach Wahl mit je 18 Stunden
- Fachstudium in 2 kleinen Schwerpunkten (WP II) - nach Wahl mit je 8 Stunden
- 6 Stunden aus dem aktuellen Angebot (WP III) - frei wählbare Wahlpflichtfächer

Studienordnung des Fachbereichs Vermessungswesen der Fachhochschule Frankfurt am Main für den Studiengang Vermessungswesen

Vom 10. April 1991

Bekanntmachung vom 2. Juli 1991 H II 2.1 - 4861272 (2).

Auszug

Maskuline Personenbezeichnungen in dieser Ordnung gelten ebenso für Personen weiblichen Geschlechts.

A. Regelungsteil

§ 1 Geltungsbereich

Diese Studienordnung regelt im Zusammenhang mit der Prüfungsordnung vom 10. April 1985 (ABI. S. 634) in der Fassung vom 10. April 1991 (ABI. S. 782) Ziel, Inhalt und Aufbau des Studiums für den Studiengang Vermessungswesen der Fachhochschule Frankfurt am Main.

§ 2 Studienzeit

Das Studium ist nach dieser Studienordnung auf sieben Semester angelegt. Darin eingeschlossen sind die Diplomarbeit und die Abschlußprüfung.

§ 3 Beginn

Das Studium beginnt zum Wintersemester.

§ 4 Studienvoraussetzungen

(2) Voraussetzung für die Aufnahme des Studiums ist ein Praktikum. Dauer und Inhalt des Praktikums regelt die Praktikantenordnung.

§ 6 Wesentlicher Inhalt des Studiums

In den Lehrveranstaltungen werden im wesentlichen folgende Fachgebiete behandelt:

Vermessungstechnik, fachbezogene Mathethematik und Physik, fachbezogenes Recht, Elektronische Datenverarbeitung, Kartographie, Photogrammetrie, öffentliches Vermessungswesen.

§ 7 Aufbau, Gliederung und Umfang des Studiums

(1) Das Studium gliedert sich in folgende Studienabschnitte:
Das Grundstudium (1.—3. Semester) und das Hauptstudium mit Orientierungsteil (4. Semester) einem Wahlpflichtteil (5. und 6. Semester) und einem Prüfungssemester.

Im Hauptstudium kann der Student nach Maßgabe des Studienplans folgende Wahlpflichtfachgruppen wählen:

Im Wintersemester eine l8stündige Wahlpflichtfachgruppe aus folgendem Angebot:
A Ingenieurvermessung
B Photogrammetrie
C Liegenschafts- und Planungskataster;
und
im Sommersemester zwei achtstündige Wahlpflichtfachgruppen aus folgendem Angebot:
D Vermessung im Straßen- und Bahnbau
E Ländliche Raumordnung
F Topographie
G Industrielle Meßtechnik
H Analytische Photogrammetrie
I Nahbereichsphotogrammetrie.

(2) Für das Studium ist eine Gesamtstundenzahl von 157 Semesterwochenstunden angesetzt (Pflicht- und Wahlpflichtveranstaltungen). Dazu kommen zwei 14tägige Vermessungsübungen.

(3) Über die im Studienplan festgelegten Wahlpflichtveranstaltungen hinaus kann jeder Student weitere Lehrveranstaltungen besuchen, soweit die personellen und sachlichen Gegebenheiten dies zulassen (Wahlfächer).

§ 8 Verfahren bei der Wahl der Wahlpflichtfächer

(1) Die Studenten wählen eine der Wahlpflichtfachgruppen A, B oder C und zwei der Wahlpflichtfachgruppen D, E, F, G, H oder I sowie so viele weitere frei wählbare Wahlpflichtfächer, daß sich eine Gesamtstundenzahl an Wahlpflichtfächern von 40 ergibt.

(2) Anstelle der zwei Wahlpflichtfachgruppen aus dem Angebot D bis I können Studenten bei entsprechender zeitlicher Gestaltung ihres Studiums auch eine zweite Wahlpflichtfachgruppe aus dem Angebot A bis C wählen. Anstelle der frei wählbaren Wahlpflichtfächer können sie eine Wahlpflichtfachgruppe aus dem Angebot D bis I wählen.

(6) Zu den Wahlpflichtfachgruppen kann sich jedoch nur anmelden, wer die Studienleistungen des 1. und 2. Semesters vollständig und die Teilstudienleistungen des 1. und 2. Semesters wenigstens in der Qualität nachweisen kann, daß sie gegebenenfalls durch bessere Leistungen aus dem 3. und 4. Semester absehbar ausgeglichen werden können (mindestens 40%).

B. Erläuterungsteil

§ 12 Aufbau des Studiums

(1) Formal, insbesondere auch prüfungsrechtlich, ist das Studium in Grund- und Hauptstudium gegliedert. Der tatsächliche Aufbau folgt aber einer anderen Logik. Eindeutig auf das dreisemestrige Grundstudium begrenzt sind nur die mathematisch-naturwissenschaftlichen und rechtlichen Grundlagen. Bis ins 4. Semester reichen die vermessungskundlichen Zentralfächer (Vermessungskunde, Instrumentenkunde und Geodätisches Rechnen) und das Fach Ausgleichungsrechnung. Das 5. und 6. Semester sind die eigentlichen Studiensemester, in denen die Studenten nach ihrer Wahl ihr Studium in Studienschwerpunkten (Wahlpflichtfachgruppen) und in weiteren an die Schwerpunkte nicht gebundenen Wahlpflichtfächern vertiefen.

(2) Die Einheit des Studiengangs ist auch die beherrschende Idee beim Angebot der Wahlpflichtfachgruppen. Die Studenten können Neigungen folgen, einseitig werden sollen sie nicht.

(5) Als einen wichtigen Bestandteil seines Studienganges schätzt der Fachbereich zwei jeweils l4tägige Vermessungspraktika ein.

(6) Das Studienprogramm des Fachbereichs Vermessungswesen wird im Jahresbetrieb durchgeführt.

§ 13 Arten der Lehrveranstaltungen

(1) Nach ihrer Verbindlichkeit unterscheidet der Fachbereich
1. Pflichtfächer (P)
2. Wahlpflichtfächer (WP)

3. Wahlfächer (W)

Die im Studienprogramm beziehungsweise im Studienführer als Pflichtfächer gekennzeichneten Veranstaltungen müssen alle Studenten absolvieren.

Wahlpflichtfächer sind dem Umfang nach pflichtgemäß zu wählende Fächer:

a) Die Studenten wählen drei aus neun Vertiefungsrichtungen. Sie müssen dann alle diesen Wahlpflichtfachgruppen zugehörigen Fächer studieren.
b) Die Studenten wählen aus einer größeren Anzahl nicht gruppengebundener Wahlpflichtfächer einzelne aus. Dies sind im Fachstudium noch einmal Fächer mit insgesamt sechs Stunden im 5.und 6. Semester.

Darüber hinaus sind ab dem 2. Semester noch vier Teilleistungen in zweistündigen Angeboten des Fachbereichs Sozial- und Kulturwissenschaften zu erbringen, insgesamt drei Teilleistungen gehören zum Grundstudium, zwei zum Hauptstudium. Der Fachbereich empfiehlt, mindestens einen Sprachkurs zu absolvieren.

§ 14 Leistungsnachweise, Prüfungen und Konsekutivregeln

(1) Der Fachbereich unterscheidet Leistungsnachweise im weiteren Sinne - Studienleistungen und Prüfungsleistungen

und Leistungsnachweise im engeren Sinne, zum Beispiel Klausuren, mündliche Prüfungen, Hausarbeiten, Übungsbearbeitung sowie weitere, insbesondere auch Mischformen.

(2) Leistungsnachweise im weiteren Sinne (Studienleistungen, Prüfungsleistungen) werden studienbegleitend, d.h. nicht zu besonderen zusammenfassenden Prüfungsterminen erbracht. Im Falle der Studienleistungen ist die Form, in der sie erbracht werden, nicht festgelegt. Sie können beliebig oft wiederholt werden, dazu wird in jedem Semester Gelegenheit gegeben. Bei Prüfungsleistungen läßt die Prüfungsordnung weniger Spielräume, insbesondere ist die Wiederholbarkeit eingeschränkt.

(4) Eine sogenannte Zwischenprüfung (Abschluß des Grundstudiums) gibt es im Studiengang Vermessungswesen nicht. Über die Gesamtheit der Studienleistungen des Grundstudiums wird jedoch ein Grundstudienzertifikat ausgestellt.

(5) Die Diplomprüfung besteht aus zwei Teilen. Sie umfaßt die studienbegleitend erbrachten Prüfungsleistungen (insgesamt vier) und die Diplomarbeit.

(6) In das eigentliche Hauptstudium mit der Wahl der Wahlpflichtfachgruppen können die Studenten nur eintreten, wenn sie mindestens die Studienleistungen und Teilstudienleistungen der ersten beiden Semester nachweisen können.

Zur Diplomarbeit können sich die Studenten erst dann melden, wenn mindestens das Praktikum vollständig abgeleistet ist, das Grundstudienzertifikat vorliegt und von den Studien- und Prüfungsleistungen, die bis zum Ende des 4. Semesters erbracht sein müssen, nicht mehr als zwei fehlen.

C. Schlußbestimmungen

§15 Inkrafttreten

Diese Studienordnung tritt am 1. September 1991 in Kraft.

Prüfungsordnung des Fachbereichs Vermessungswesen der Fachhochschule Frankfurt a. M. für den Studiengang Vermessungswesen

vom 10. April 1985 (ABl. .S. 634),
zuletzt geändert am 10. April 1991

Auszug

Maskuline Personenbezeichnungen in dieser Ordnung gelten ebenso für Personen weiblichen Geschlechts.

1. Abschnitt: Allgemeines

§ 1 Zweck der Diplomprüfung

(1) Die Diplomprüfung im Fachbereich Vermessungswesen bildet den berufsqualifizierenden Abschluß des Studiums im Studiengang Vermessungswesen.

§ 2 Diplomgrad

(2) Im Studiengang Vermessungswesen wird der akademische Grad Diplom-Ingenieur (Fachhochschule) oder Diplom-Ingenieurin (Fachhochschule) mit der Kurzform Dipl.-Ing. (FH) verliehen.

§ 3 Dauer und Gliederung des Studiums

(1) Die Studienzeit, in der in der Regel das Studium abgeschlossen werden kann, beträgt sieben Semester.

(2) Das Studium gliedert sich in ein Grundstudium, Hauptstudium und ein Prüfungssemester.

(3) Auf die Studienzeit nach Abs. 1 werden nicht angerechnet:
1. Die in den Studiengang eingeordnete berufspraktische Tätigkeit nach § 4,
2. ein Studium außerhalb des Geltungsbereiches des Hochschulrahmengesetzes.

(4) Das Grundstudium schließt mit der Erteilung des Grundstudiumzertifikates ab.

(5) Das Studium endet mit der Diplomprüfung.

§ 4 Berufspraktische Tätigkeit

Bis zur Meldung zur Diplomarbeit ist eine berufspraktische Tätigkeit von insgesamt zwölf Monaten nachzuweisen. Als berufspraktische Tätigkeit werden Arbeiten bei einer Stelle anerkannt, die vermessungstechnische Aufgaben durchführt. Die Betreuung und Anleitung des Berufspraktikannten durch einen Fachmann, der mindestens die Qualifikation eines Diplom-Ingenieurs (FH) besitzt, muß gewährleistet sein.
Als Einschreibevoraussetzung ist der Nachweis von mindestens acht Monaten berufspraktischer Tätigkeit zu führen. Näheres regelt die Praktikantenordnung des Fachbereichs.

2. Abschnitt: Prüfungs- und Studienleistungen

§ 8 Studienbegleitende Leistungsnachweise

(1) Während des Studiums sind Leistungsnachweise in Form von Prüfungs- und Studienleistungen zu erbringen.

(3) Die in Anlage 1 Abs. 3 aufgeführten Teilprüfungsleistungen müssen nach Anforderung und Verfahren einer Prüfungslei-

stung gleichwertig sein (§55 Abs. 3 Satz 2 HHG): als solche sind sie zweimal wiederholbar. (§34).

(4) Die in den in Abs. 1 und Abs. 2 der Anlage 1 genannten Fächern zu erwerbenden studienbegleitenden Leistungsnachweise sind Studienleistungen und als solche unbeschränkt wiederholbar.

(5) Ein studienbegleitender Leistungsnachweis ist mit Erfolg erbracht, wenn er mindestens mit der Note „ausreichend" bewertet wird.

(6) Dem Studenten ist mindestens einmal im Semester Gelegenheit zu geben, studienbegleitende Leistungsnachweise zu erbringen. Die praktischen Übungen im Labor und Gelände werden jährlich angeboten.

§ 9 Prüfungsleistungen

(1) Prüfungsleistungen werden in den in der Anlage 1 Abs. 3 aufgeführten Fächern erbracht. Sie können aus mehreren Teilleistungen bestehen. Näheres regelt Anlage 1.

(2) Prüfungsleistungen können durch folgende Leistungsnachweise erbracht werden:
1. mündliche Prüfungen,
2. Klausuren,
3. schriftliche Ausarbeitungen,
4. praktische Projekte.

(4) Klausuren werden in der Regel von zwei Prüfern bewertet. Bei einer mit ‚nicht ausreichend' bewerteten Klausur findet auf Wunsch des Studenten eine ergänzende mündliche Prüfung statt. Ist eine nochmalige Wiederholung der Klausur nicht möglich, so muß eine ergänzende mündliche Prüfung stattfinden.

(6) Die Diplomarbeit wird von zwei Prüfern bewertet. Im übrigen gilt §19 Abs. 7.

(7) Die mündlichen Prüfungen finden als Einzelprüfung oder als Gruppenprüfung mit höchstens vier Kandidaten statt. Sie sollen je Fach und Kandidat mindestens 15 und höchstens 40 Minuten betragen.

(10) Die Bearbeitungszeit der Klausuren und sonstigen schriftlichen Arbeiten beträgt mindestens 45 Minuten und darf 180 Minuten nicht überschreiten.

§ 10 Studienleistungen

(1) Studienleistungen sind in den in der Anlage 1 aufgeführten Studienfächern zu erbringen.

(2) Studienleistungen können durch folgende Leistungsnachweise erbracht werden:
1. Klausur,
2. mündliche Prüfung,
3. Seminarvortrag,
4. Konstruktions- und Entwurfsarbeiten,
5. Durchführung und Auswertung von Praktikumsversuchen,
6. Bearbeitung von Übungsaufgaben, Einzelthemen u.ä.,
7. Literaturbericht oder Dokumentation,
8. Arbeitsberichte, Protokolle.

§ 11 Bewertung der Prüfungs- und Studienleistungen; Gesamtnote

(2) Für die Bewertung der Prüfungs- und Studienleistungen sind folgende Noten zu verwenden:
1= sehr gut (90%—100%)
= eine hervorragende Leistung;
2= gut (80%—89%)
= eine Leistung, die erheblich über

den durchschnittlichen Anforderungen liegt;

3= befriedigend (65%-79%)
= eine Leistung, die durchschnittlichen Anforderungen entspricht;

4= ausreichend (50 %-64%)
= eine Leistung, die trotz ihrer Mängel noch den Anforderungen genügt;

5= nicht ausreichend (0%—49%)
= eine Leistung, die wegen erheblicher Mängel den Anforderungen nicht mehr genügt.

Die Prozentzahlen beziehen sich auf die insgesamt zu erreichende Punktzahl.

(3) Aufgrund der einzelnen Prüfungsergebnisse wird auf Antrag des Kandidaten aus den Noten des Diplomzeugnisses eine Gesamtnote gebildet. Sie ergibt sich aus:

1. dem arithmetischen Mittel der Noten der Prüfungsfächer des ersten Teils der Diplomprüfung,
2. der Note der Diplomarbeit mit einer Gewichtung im Verhältnis 2:1.

Die Gesamtnote einer bestandenen Prüfung lautet bei einem gewichteten Durchschnitt

bis 1,5	= sehr gut
über 1,5 bis 2,5	= gut
über 2,5 bis 3,5	= befriedigend
über 3,5 bis 4,0	= ausreichend.

§ 12 Prüfungen

(1) Prüfungen sind

1. die Diplomprüfung (§§ 15-21),
2. die Einstufungsprüfung (§ 32) sowie
3. die Externenprüfung (§§ 22—31).

(2) Die Prüfungsleistungen für die Diplomprüfung werden studienbegleitend abgelegt.

3. Abschnitt: Grundstudienzertifikat

§ 13 Grundstudienzertifikat

(1) Das Grundstudienzertifikat besteht aus Studienleistungen entsprechend dem Fächerkatalog der Anlage 1.

(2) Benotungen werden nur auf Antrag des Studenten vorgenommen. Die Studienleistung ist erbracht, wenn sie den Vermerk „mit Erfolg teilgenommen" trägt.

§ 14 Abschluß des Grundstudiums

Spätestens am Ende des 4. Semesters soll der Student das Grundstudienzertifikat beim Prüfungsausschuß beantragen.

4. Abschnitt: Diplomprüfung

§ 15 Teile der Diplomprüfung

Die Diplomprüfung besteht aus zwei Teilen. Sie umfaßt

1. studienbegleitende Prüfungsleistungen des Hauptstudiums (Anlage 1 Abs. 3),
2. die Diplomarbeit.

§ 17 Meldung zur Diplomarbeit

(1) Spätestens am Ende des sechsten Semesters soll sich der Student zu dem vom Prüfungsamt bestimmten Termin zur Diplomarbeit melden.

§ 19 Diplomarbeit

(4) Die Zeit von der Ausgabe bis zur Abgabe (Bearbeitungszeit) beträgt 3 Monate.

(5) Bei experimentellen Arbeiten kann der Vorsitzende des Prüfungsausschusses aufgrund eines schriftlichen Antrags des Kandidaten im Einvernehmen mit dem betreuenden Referenten die Bearbeitungszeit um höchstens 3 Monate verlängern.

§ 20 Bestehen, Nichtbestehen, Nichtbeenden der Diplomprüfung
(Versäumnis, Rücktritt, Täuschung)

(1) Die Diplomprüfung ist bestanden, wenn die Diplomarbeit und die Leistungen in den übrigen Prüfungsteilen mit mindestens der Note „ausreichend“ bewertet worden sind.

5. Abschnitt: Externenprüfung

§ 22 Begriff, Ziel, Durchführung, Termine und zeitliche Befristung der Dauer der Externenprüfung

(2) Durch die Externenprüfung soll festgestellt werden, ob der Externe die Qualifikation besitzt, die von einem Studenten bei der Diplomprüfung verlangt wird (§ 1).

§ 23 Zulassungsvoraussetzungen, Meldung und Zulassung zur Externenprüfung

(1) Zur Externenprüfung ist auf Antrag zuzulassen, wer sich auf andere Weise als durch ein Studium an einer Fachhochschule des Landes oder einer staatlich anerkannten Fachhochschule vorbereitet hat und nachweist, daß er

1. das 25. Lebensjahr vollendet hat,

2. eine nach § 35 HHG für die Aufnahme eines Fachhochschulstudiums geforderte Zugangsberechtigung besitzt,

3. mindestens fünf Jahre eine dem angestrebten Abschluß förderliche berufliche Tätigkeit abgeleistet hat.

§ 24 Teile der Externenprüfung

Die Externenprüfung besteht aus

1. den Einzelprüfungen in den Fächern des Grund- und Hauptstudiums,
2. der Diplomarbeit und
3. dem Fachgespräch.

§ 25 Einzelprüfungen

(1) Die Externenprüfung beginnt mit den schriftlichen Einzelprüfungen. Diese sollen jeweils das gesamte Fachgebiet umfassen. Prüfungsfächer und Prüfungsdauer sind in Anlage 2 zur Prüfungsordnung angegeben.

§ 26 Diplomarbeit und Fachgespräch

(1) Die Diplomarbeit ist auszugeben, wenn alle Einzelprüfungen erfolgreich abgelegt wurden.

(2) In der Diplomarbeit soll der Kandidat ein praxisbezogenes Thema auf wissenschaftlicher Grundlage behandeln.

(3) Das Fachgespräch beginnt mit einem Kolloquium über die Diplomarbeit und erstreckt sich auf ein weiteres, die Diplomarbeit ergänzendes Fachgebiet.

§ 28 Bestehen, Nichtbestehen und Nichtbeenden der Externenprüfung

(1) Die Externenprüfung ist erfolgreich abgelegt, wenn alle Teile der Prüfung (§ 24) bestanden sind.

§ 29 Wiederholung der Externenprüfung

(2) Ein nicht bestandener oder als nicht bestanden geltender Prüfungsteil kann einmal wiederholt werden; §34 Abs. 3 und 4 gilt entsprechend.

§ 31 Prüfungsgebühr für Externe

(1) Für die Durchführung der Externenprüfung wird eine Prüfungsgebühr in Höhe von 150 Deutsche Mark erhoben.

6. Abschnitt: Einstufungsprüfung

§ 32 Einstufungsprüfung

(7) Die Einstufung kann höchstens in das vierte Studiensemester erfolgen.

7. Abschnitt: Schlußbestimmungen

§ 33 Anrechnung von Studien- und Prüfungsleistungen sowie Praktika

(1) Studien- und Prüfungsleistungen, einschl. Praktika in gleichnamigen oder anderen Hochschulstudiengängen werden, sofern ihre Vergleichbarkeit nachgewiesen wird, auf Antrag auf die nach der Studien- und Prüfungsordnung zu erbringenden Studien- und Prüfungsleistungen und Praktika angerechnet.

§ 34 Wiederholung von Prüfungen

(1) Ein nicht bestandener oder als nicht bestanden geltender Prüfungsteil kann zweimal wiederholt werden.

(2) Die Diplomarbeit kann nur einmal wiederholt werden. Das Thema der Diplomarbeit ist neu zu wählen.

(4) Bestandene Prüfungsleistungen und Studienleistungen können nicht wiederholt werden.

§ 40 Inkrafttreten

Diese Prüfungsordnung tritt mit Wirkung vom 1. September 1985 in Kraft.

Fachhochschule Hamburg

Studiengänge:	**a) Geomatik** **b) Vermessungswesen und Hydrographie**
Fachbereich:	**Geomatik**
Dekan:	Prof. Dipl.-Ing. Jürgen Zastrau
Prodekan:	Prof. Dr.-Ing. Delf Egge
Studienberatung:	Prof. Dr.-Ing. Erich Kanngieser
Anschrift:	Fachhochschule Hamburg Hebebrandstraße 1 **22297 Hamburg**
Telefon:	0 40/ 4 28 04 37 82
Fax:	0 40/ 4 28 04 37 16
E-Mail:	j.zastrau.@rzcn.fh-hamburg.de
homepage:	http://www.fh-hamburg.de/geomatik

Summe der Professoren auf Planstellen	14
Summe der Lehrbeauftragten (Studium)	22
Summe der Laboringenieure auf Planstellen	8
Summe der Technischen Mitarbeiter auf Planstellen	2

Studenten:	**1996**	**1997**	**1998**	**1999**
Studienanfänger:	79	110	60	68
Absolventen:	30	31	42	26
Studiendauer (Median):	11 Semester (Stand 1997) ermittelt für Studiengänge a) **und** b) gemeinsam			
Regelstudienzeit:	8 Semester (a) / 10 Semester (b)			
davon Praxissemester:	1 Semester			
Vorpraktikum:	13 Wochen			

Labore

1.	Name des Labors:	Praktische Geodäsie
	Leitung:	Prof. Dipl.-Ing. Jürgen Zastrau
	Telefon:	0 40/ 4 28 04 - 37 82 oder - 38 07
	Fax:	0 40/ 4 28 04 - 37 16

2.	Name des Labors:	Instrumentenkunde
	Leitung:	Prof. Dr.-Ing. Peter Bruns
	Telefon:	0 40/ 4 28 04 - 38 10 oder - 37 42
	Fax:	0 40/ 4 28 04 - 37 12
3.	Name des Labors:	Photogrammetrie und Topographie
	Leitung:	Prof. Dipl.-Ing. Jürgen Zastrau
	Telefon:	0 40/ 4 28 04 - 37 82 oder - 37 70
	Fax:	0 40/ 4 28 04 - 37 16
4.	Name des Labors:	Ingenieurgeodäsie
	Leitung:	Prof. Dr.-Ing. Delf Egge
	Telefon:	0 40/ 4 28 04 - 37 81 oder - 37 77
	Fax:	0 40/ 4 28 04 - 37 16
5.	Name des Labors:	Liegenschafts- und Planungswesen
	Leitung:	Prof. Dr.-Ing. Erich Kanngieser
	Telefon:	0 40/ 4 28 04 - 38 06
	Fax:	0 40/ 4 28 04 - 37 12
6.	Name des Labors:	Hydrographie
	Leitung:	Prof. Dipl.-Ing. Peter Andree
	Telefon:	0 40/ 4 28 04 - 37 99 oder - 37 19
	Fax:	0 40/ 4 28 04 - 38 15
7.	Name des Labors:	Fotolabor
	Leitung:	Prof. Dr. Bernd Kritzmann
	Telefon:	0 40/ 4 28 04 - 37 43 oder - 37 25 ; Fax: - 37 12
8.	Name des Labors:	Druckerei
	Leitung:	Prof. Dipl.-Ing. Jürgen Zastrau
	Telefon:	0 40/ 4 28 04 - 37 82 oder - 37 24
	Fax:	0 40/ 4 28 04 - 37 16
9.	Name des Labors:	Rechenzentrum City-Nord
	Leitung:	Prof. Dr.-Ing. Holger Hamfler
	Telefon:	0 40/ 4 28 04 - 37 92 oder - 37 06 bis - 37 08
	Fax:	0 40/ 4 28 04 - 37 12

Studiengang Geomatik

Übersicht über die Lehrfächer und Prüfungen
gemäß der Prüfungs- und Studienordnung vom: 22. Februar 2000

Lehrfach	Studienabschnitt			Prüfungsleistungen			
	Grund-studium V + Ü	Haupt-studium V + Ü	Vertiefungs-studium V + Ü	Grund-studium		Haupt-studium	
				Schein Beleg	Prü-fung	Schein Beleg	Prü-fung
Mathematik	8	6			2	1	1
Math. Stat./ Fehlerlehre/ Ausgleichsrechnung	4	3			2		1
Grund. der Informatik	8				1		
Physik, Optik, Elektronik	6				2		
Vermessungskunde / Instrumentenkunde	20	8		2	2	1	1
Ingenieurgeodäsie		4				1	1
Recht/ Verwaltungsgrundlagen	2			1	1		
Betriebswirtschaft		4				1	
Photogrammetrie		6					1
Fernerkundung/ Digitale Bildverarbeitung		2				1	
Topographie/ Karto-graphie/ Kartennetze		8				1	2
Geoinformationssysteme		4				1	1
Höhere Geodäsie/ Landesvermessung		4				1	1
Satellitengeodäsie/ Astronomie		4					1
Ingenieurbau/ Wasser-bau/ Bauwesen		4					1
Siedlungswesen/ Landesplanung		4					1
Organisationslehre/ Management/ Führungs- u. Bewerbungstraining		3				1	

Lehrfach	Studienabschnitt			Prüfungsleistungen			
	Grund-studium V + Ü	Haupt-studium V + Ü	Vertiefungs-studium V + Ü	Grund-studium		Haupt-studium	
				Schein Beleg	Prü-fung	Schein Beleg	Prü-fung
Kataster/ Liegenschaftswesen		4					1
Neuordnung des ländlichen Raumes		2				1	
Hydrographie I		2				1	
Modul Datenver-arbeitung			6			1	1
Modul Landmanagment			6			1	1
Modul Topographie/ Photogrammetrie			6			1	1
Modul Ingenieur-geodäsie I			6			1	1
Modul Höhere Geodäsie			6			1	1
Modul Hydrographie II			6			1	1
Modul Softwaretechnik			6			1	1
Modul Baubetrieb			6			1	1
Modul GIS-Landmanagement			6			1	1
Modul Ingenieur-geodäsie II			6			1	1
Modul Hydrographie III			6			1	1
Modul GIS-Hydrographie			6			1	1
Modul Navigation			6			1	1
Seminare		2				1	
Dauer der Diplomarbeit	2 Monate						

Hinweise und Anmerkungen

1. **Vorpraktikum: -** Erforderlicher Umfang: 13 Wochen bis zum 2. Semester

2. **Hinweise zu studienbegleitenden Prüfungen und Fachprüfungen:**

Studienbegleitende benotete Prüfungsleistungen sind mündliche Prüfungen und

Klausurarbeiten. Eine Studienfach kann mehrere Lehrveranstaltungen umfassen. Die Note einer Fachprüfung bezieht sich auf das in der Prüfungs- und Studienordnung definierte Studienfach und wird aus dem Durchschnitt der einzelnen Prüfungsleistungen berechnet.

3. **Erläuterungen zum Vertiefungsstudium:**

Der Studiengang Geomatik bietet im 5. und 7. Semester die Wahlmöglichkeit, jeweils 3 Wahlpflicht-Studienmodule aus 6 bzw. 7 angebotenen Modulen zu wählen.

Die vom Fachbereich angebotene Hydrographieausbildung soll im Jahr 2000 als Masterstudiengang neu strukturiert werden.

Prüfungs- und Studienordnung des Studienganges Geomatik an der Fachhochschule Hamburg

vom 10. April 2000

Inhaltsverzeichnis

Die Behörde für Wissenschaft und Forschung hat am .... die vom Fachbereich Geomatik auf Grund von § 97 Absatz 2 des Hamburgischen Hochschulgesetzes (HmbHG) in der Fassung vom 2. Juli 1991 (Hamburgisches Gesetz- und Verordnungsblatt Seite 249), zuletzt geändert am 25. Mai 1999 (Hamburgisches Gesetz- und Verordnungsblatt Seiten 95, 98), am 30. März 2000 beschlossene Prüfungs- und Studienordnung des Studienganges Geomatik an der Fachhochschule Hamburg nach Anhörung des Hochschulsenats gemäß § 137 HmbHG in der nachstehenden Fassung genehmigt.

Auszug

Maskuline Personenbezeichnungen in dieser Ordnung gelten ebenso für Personen weiblichen Geschlechts.

Präambel

Das Studium im Studiengang Geomatik bereitet die Studierenden auf folgende berufliche Tätigkeitsfelder vor:

Geodätische Grundlagen,
Geoinformatik,
Hydrographie,
Ingenieurgeodätische Messungen,
Landmanagement und Grundstücksbewertung,
Photogrammetrie und Fernerkundung.

I. Allgemeine Vorschriften

§ 2 Akademischer Grad

Aufgrund der bestandenen Diplomprüfung verleiht die Fachhochschule Hamburg die Diplomgrade Diplom-Ingenieurin (FH) oder Diplom-Ingenieur (FH). Auf Antrag der oder des Studierenden wird in die Diplomurkunde der Studiengang Geomatik aufgenommen.

§ 3 Studiendauer

(1) Die Regelstudienzeit beträgt acht Semester. Sie umfaßt die theoretischen Studiensemester, das praktische Studiensemester und die Prüfungen einschließlich der Diplomarbeit.

(2) Der erste Studienabschnitt umfaßt zwei Semester; über seinen erfolgreichen Abschluss wird ein Zeugnis erteilt. Der zweite Studienabschnitt umfaßt sechs Semester. Er wird mit dem Abschluß der Diplomprüfung beendet. Auf Antrag erhalten die Studierenden nach drei Semestern ein Zeugnis über die bestandene Diplom-Vorprüfung

§ 4 Vorpraxis, praktisches Studiensemester und Exkursion

(1) Vor Aufnahme des Studiums soll eine berufspraktische Tätigkeit (Vorpraxis) im Umfang von 13 Wochen erfolgreich abgeleistet werden, davon müssen vor Aufnahme des Studiums mindestens acht Wochen erbracht worden sein. Die Vorpraxis müssen nur Studierende ableisten, die keinen praktischen Unterricht in dem in Hamburg in der Fachoberschule vorgeschriebenen oder einem vergleichbaren Umfang in einer ihrem Studiengang entsprechenden Fachrichtung gehabt und auch keine ihrem Studiengang entsprechende Lehre oder vergleichbare praktische Ausbildung abgeschlossen haben.

(3) In den Studienablauf ist eine ingenieurgemäße berufspraktische Tätigkeit von 20 Wochen eingeordnet; sie wird als Praktisches Studiensemester in den zweiten Studienabschnitt integriert. Das Praktische Studiensemester soll die Studierenden systematisch an die anwendungsorientierte Ingenieurtätigkeit durch praktische Mitarbeit in der Ausbildungsstätte heranführen. Dem Praktischen Studiensemester ist die Teilnahme am Seminar „Praktisches Studiensemester“ zugeordnet.

(6) Im Hauptstudium sollen die Studierenden an einer mehrtägigen vom Fachbereich durchgeführten Exkursion teilnehmen. Die Dauer der Exkursion beträgt höchstens zehn Tage.

§ 5 Lehrveranstaltungsarten, Fachgebiete und Studienplan

(2) Das Gesamtstudium umfaßt etwa 160 LVS. Auf die Lehrveranstaltungen des Grundstudiums entfallen etwa 52 LVS, auf die des Hauptstudiums etwa 108 LVS.

Mindestens 77 % des gesamten Studiums werden als Pflichtveranstaltungen durchgeführt. Der Wahlpflichtbereich bezieht sich nur auf das Hauptstudium und umfaßt die Wahlpflicht-Studienmodule.

Das Lehrangebot des Gesamtstudiums verteilt sich wie folgt auf die nachstehenden Fachgebiete (alle Prozentangaben sind auf das Gesamtstudium von 160 LVS bezogen):

a) Pflichtfächer

Praktische Geodäsie	27 %
Mathematik, Physik	12 %
Landmanagement und Grundstücksbewertung	11 %
Geoinformatik	10 %
Photogrammetrie und Fernerkundung	8 %
Allgemeinwissenschaftliche Fächer	7 %
Hydrographie	2 %

b) Wahlpflicht-Studienmodule

6 zu wählende Module mit je 6 LVS	23 %

§ 7 Ablegung der Prüfungen

(2) Die für das Bestehen des ersten Studiensemsters erforderlichen Leistungsnachweise, Studiennachweise und Bescheinigungen sollen bis zum Ende des zweiten Fachsemesters abgelegt werden.

(3) Prüfungs-, Studien- und Prüfungsvorleistungen des 4. und höheren Semesters können erst erbracht werden, wenn der erste Studienabschnitt erfolgreich bestanden ist.

§ 10 Prüfungs-, Studien- und Prüfungsvorleistungen

(1) Für jede Prüfungsleistung wird ein benoteter Leistungsnachweis ausgestellt.

(3) Prüfungs-, Studien- und Prüfungsvorleistungen werden durch folgende Prüfungsarten erbracht:

Klausur
Die Dauer einer Klausurarbeit beträgt mindestens 90 Minuten, höchstens 240 Minuten.

Mündliche Prüfung
Die Dauer einer mündlichen Prüfung beträgt mindestens 15, höchstens 30 Minuten.

Referat
Ein Referat besteht aus einem schriftlichen und einem mündlichen Teil. Der mündliche Vortrag dauert mindestens 15, höchstens 30 Minuten. Die Vorbereitungszeit für das Referat beträgt höchstens sechs Wochen.

Praktikumsabschluß
Ein Praktikum ist erfolgreich abgeschlossen, wenn die Studierenden die festgelegten Arbeiten erfolgreich durchgeführt haben und ihre Kenntnisse durch begleiten Kolloquien und/oder anhand von Protokollen und/oder schriftlicher Aufgabenlösungen nachgewiesen haben.

§ 12 Anrechnung von Studienzeiten, Studienleistungen, Prüfungsvorleistungen und Prüfungsleistungen

(1) Studienzeiten, Studienleistungen, Prüfungsvorleistungen und Prüfungsleistungen werden ohne Gleichwertigkeitsprüfung angerechnet, wenn sie an einer Fachhochschule in der Bundesrepublik Deutschland in einem Studiengang erbracht wurden, der derselben Rahmenordnung unterliegt. In diesem Studiengang wird bei derselben Anzahl von theoretischen Studiensemestern im Grundstudium die Diplom-Vorprüfung ohne Gleichwertigkeitsprüfung anerkannt.

(4) Berufspraktische Tätigkeiten (§ 4 Absatz 1) und einschlägige berufspraktische Tätigkeit (§ 4 Absatz 3) werden angerechnet.

II. Erster Studienabschnitt

§ 15 Art und Umfang des ersten Studienabschnitts

(1) Der erste Studienabschnitt besteht aus den studienbegleitenden Prüfungen des ersten und zweiten Semesters.

Für den ersten Studienabschnitt sind aus den Lehrveranstaltungen der vier folgenden Studienfächer neun Prüfungsleistungen, zwei Prüfungsvorleistungen und drei Studienleistungen zu erbringen (vergleiche Übersicht über Lehrfächer und Prüfungen).

- **Studienfach "Mathematik und Physik"**
  4 Prüfungen
- **Studienfach "Datenverarbeitung"**
  2 Prüfungen, 1 Studienleistung
- **Studienfach "Praktische Geodäsie und Ausgleichungsrechnung"**
  3 Prüfungen, 1 Studienleistung,
  2 Prüfungsvorleistungen
- **Studienfach "Allgemeinwissenschaftliche Fächer"**
  Rechtskunde 1 Studienleistung

§ 16 Bewertung der Prüfungs- und Studienleistungen

(2) Für die Bewertung der Prüfungsleistungen sind folgende Noten zu verwenden:

1,0 = sehr gut (eine hervorragende Leistung);
2,0 = gut (eine Leistung, die erheblich über den durchschnittlichen Anforderungen liegt);
3,0 = befriedigend (eine Leistung, die den durchschnittlichen Anforderungen entspricht);
4,0 = ausreichend (eine Leistung, die trotz ihrer Mängel noch den Anforderungen genügt);
5,0 = nicht ausreichend (eine Leistung, die wegen erheblicher Mängel den Anforderungen nicht mehr genügt).

Zur differenzierenden Bewertung können Werte durch Erdniedrigen oder Erhöhen der Notenziffern um 0,3 gebildet werden. Die Noten 0,7 , 4,7 und 5,3 sind dabei ausgeschlossen.

(5) Wird eine Prüfungsleistung bei der zweiten Wiederholung der Prüfung schlechter als 4,0 bewertet, können die Studierenden eine ergänzende mündliche Überprüfung beantragen, die über "ausreichend" (4,0) oder "nicht ausreichend" (5,0) entscheidet. Die mündliche Überprüfung soll mindestens 15, höchstens 30 Minuten dauern.

§ 17 Wiederholung der Prüfungsleistungen

(1) Bestandene Prüfungsleistungen können nicht wiederholt werden.

(2) Jede erstmals nicht bestandene Prüfungsleistung kann zweimal wiederholt werden. Die Wiederholungsprüfung soll in der Regel spätestens im Rahmen des Prüfungstermins des übernächsten Semesters abgelegt werden. Sind alle Wiederholungsmöglichkeiten erfolglos ausgeschöpft, ist die entsprechende Prüfung endgültig nicht bestanden.

III. Zweiter Studienabschnitt

§ 20 Art und Umfang des zweiten Studienabschnitts

Der zweite Studienabschnitt umfaßt das dritte bis achte Semester und besteht aus dem Praxissemester (§ 4 Absatz 3), der Diplom-Vorprüfung und der Diplomprüfung. Zur Diplom-Vorprüfung siehe § 27 Absatz 3. Die Diplomprüfung besteht aus dem studienbegleitenden Teil (§§ 21 und 22) und der Diplomarbeit (§ 23). Der studienbegleitende Teil umfaßt Studienfächer in Form von Pflichtfächern (§ 21) und Wahlpflicht-Studienmodulen (§ 22).

§ 21 Pflichtfächer

Für die Diplomprüfung sind von allen Studierenden aus den Lehrveranstaltungen der sieben folgenden Pflichtfächer 11 Prüfungsleistungen (Klausur oder mündliche Prüfung), vier Prüfungsvorleistungen und 9 Studienleistungen zu erbringen. Die mit * versehenen Fächer sind die Prüfungs-, Prüfungsvor- und Studienleistungen des dritten Fachsemesters, deren erfolgreiches Bestehen für die Ausstellung des Diplom-Vorzeugnisses erforderlich ist (§ 27 Absatz 3).

- **Pflichtfach "Angewandte Mathematik/ Ausgleichungsrechnung"**
  2 Prüfungsleistungen, davon 1*,
  1 Studienleistung
- **Pflichtfach "Praktische Geodäsie "**
  4 Prüfungsleistungen, davon 1*,
  3 Prüfungsvorleistungen, davon 1*
- **Pflichtfach "Geoinformatik"**
  1 Prüfungsleistung, 1 Studienleistung *
- **Pflichtfach "Photogrammetrie und Kartographie"**
  2 Prüfungsleistungen, davon 1*, 1 Studienleistung *, 1 Prüfungsvorleistung
- **Pflichtfach "Landmanagement und Grundstücksbewertung"**
  2 Prüfungsleistungen, 1 Studienleistung
- **Pflichtfach "Hydrographie"**
  1 Studienleistung
- **Pflichtfach "Allgemeinwissenschaftliche Fächer"**
  4 Studienleistungen

§ 22 Wahlpflicht-Studienmodule

(1) Die Studierenden wählen Wahlpflicht-Studienmodule aus dem Angebot des Studienganges aus.

(3) Es werden folgende Wahlpflicht-Studienmodule angeboten:

im fünften Semester:
- Datenverarbeitung, - Höhere Geodäsie,
- Hydrographie II - Ingenieurgeodäsie I
- Photogrammetrie und Topographie,
- Landmanagement

im siebenten Semester:
- Geographische Informationssysteme im Landmanagement,
- Geographische Informationssysteme in der Hydrographie,
- Hydrographie III, - Baubetrieb,
- Ingenieurgeodäsie II,
- Navigation, - Softwaretechnik,

(4) Die Studierenden wählen aus diesen Gruppen jeweils drei Wahlpflicht-Studienmodule pro Semester aus.

§ 23 Diplomarbeit

(4) Die Diplomarbeit ist spätestens zwei Monate nach ihrer Ausgabe bei dem vorsitzenden Mitglied des Prüfungsausschusses abzugeben oder zu übersenden. Auf einen vor Ablauf der Frist gestellten Antrag der Studierenden kann der Prüfungsausschuß die Bearbeitungsdauer bei Vorliegen eines wichtigen Grundes um insgesamt höchstens zwei Monate verlängern.

§ 24 Freier Prüfungsversuch, Wiederholung zur Notenverbesserung

(1) Legen Studierende nach ununterbrochenem Studium die Fachprüfungen und die Diplomarbeit innerhalb der Regelstudienzeit ab und bestehen einzelne Fachprüfungen der Wahlpflicht-Studienmodule oder die Diplomarbeit nicht, gelten alle nicht bestandenen Fachprüfungen der Wahlpflicht-Studienmodule und/oder die nicht bestandene Diplomarbeit als nicht abgelegt. Eine als bestanden bewertete Diplomarbeit wird auf Antrag des Studierenden im weiteren Prüfungsverfahren anerkannt.

(2) Haben Studierende nach ununterbrochenem Studium innerhalb der Regelstudienzeit die Fachprüfungen und die Diplomarbeit erfolgreich abgelegt, können sie beantragen, einzelne Fachprüfungen der Wahlpflicht-Studienmodule zum nächstmöglichen Prüfungstermin zu wiederholen und entscheiden, welches Prüfungsergebnis sie gelten lassen wollen.

§ 25 Bewertung der Prüfungsleistungen

(2) Die Diplomprüfung ist bestanden, wenn sämtliche Noten der studienbegleitenden Prüfungsleistungen und die Note der Diplomarbeit mindestens "ausreichend" (4,0) lauten und die Studienleistungen erfolgreich erbracht worden sind.

(3) Für die Bildung der Gesamtnote wird zunächst eine Teilnote aus dem Durchschnitt der studienbegleitenden Prüfungsleistungen gebildet. Die Gesamtnote ergibt sich zu 75 von Hundert aus der Teilnote nach Satz 1 und zu 25 von Hundert aus der Note der Diplomarbeit.

§ 26 Wiederholung der Prüfung

(1) Prüfungsleistungen nach §§ 21 und 22, die nicht bestanden sind, können zweimal wiederholt werden. Für die Zulassung zu einer zweiten Wiederholung kann der Prüfungsausschuß den Studierenden Vorgaben für die sinnvolle Gestaltung des Studiums und für den Zeitpunkt der Wiederholung machen.

(2) Ist die Diplomarbeit mit der Note "nicht ausreichend" bewertet worden, kann sie einmal wiederholt werden. In begründeten Fällen ist eine zweite Wiederholung möglich. Die Entscheidung hierüber trifft der Prüfungsausschuß

IV. Sonstige Regelungen für Prüfungen

§ 28 Zusatzfächer und Ergänzung des Studiums

(1) Die Studierenden können sich in weiteren als den gewählten Fächern einer Prüfung unterziehen (Zusatzfächer). Es werden nach Wahl des Studierenden maximal drei Zusatzfächer aufgenommen.

V. Schlußbestimmungen

§ 32 Inkrafttreten, Übergangsregelungen

(1) Diese Prüfungs- und Studienordnung tritt einen Tag nach ihrer Veröffentlichung im Amtlichen Anzeiger in Kraft. Sie gilt erstmals zum Sommersemester 2000.

Fachhochschule Karlsruhe
Hochschule für Technik

Studiengang	**Vermessungswesen; Kartographie und Geomatik**
Fachbereich:	**Geoinformationswesen**
Dekan:	Prof. Dr.-Ing. Gerhard Schweinfurth
Prodekan:	Prof. Dr.-Ing. Günter Hell
Studiendekan:	Prof. Dr.-Ing. Berthold Pfeiffer (Vermessungswesen) Prof. Dr. Christian Herrmann (Kartographie u. Geomatik)
Studienberatung:	Prof. Dr.-Ing. Timan Müller (Vermessungswesen) Prof. Dr. Christian Herrmann (Kartographie u. Geomatik)
Anschrift:	Moltkestr. 30 **76133 Karlsruhe**
Telefon:	07 21/ 9 25-25 90
Fax:	07 21/ 9 25-25 91
E-Mail:	schweinfurth@fh-Karlsruhe.de
homepage:	http://www.fh-karlsruhe.de/fbg/vermessung_geomatik

Summe der Professoren auf Planstellen	19
Summe der Lehrbeauftragten (Studium)	18
Summe der Laboringenieure auf Planstellen	5
Summe der Technischen Mitarbeiter auf Planstellen	7

Vermessungswesen

Studenten:	**1996**	**1997**	**1998**	**1999**
Studienanfänger:	71	67	42	42
Absolventen:	51	46	65	43
Studiendauer (Median):	9,3 Sem.	9,3 Sem.	9,7 Sem.	9,3 Sem.
Regelstudienzeit:	8 Semester			
davon Praxissemester:	2 Semester			
Vorpraktikum:	2 Monate			

Kartographie und Geomatik

Studenten:	**1996**	**1997**	**1998**	**1999**
Studienanfänger:	67	53	37	46
Absolventen:	47	48	52	44
Vorpraktikum:	2 Monate	2 Monate	2 Monate	keins
Studiendauer (Median):	9 Semester			
Regelstudienzeit:	8 Semester			
davon Praxissemester:	2			

Labore

1.	Name des Labors:	Instrumentenlabor
	Leitung:	Prof. Dr. T. Müller
	Telefon:	07 21/ 9 25 24 06
2.	Name des Labors:	IMS / GPS-Labor
	Leitung:	Prof. Dr. R. Schwäble / Prof. Dr. R. Jäger
	Telefon:	07 21/ 9 25 24 10
3.	Name des Labors:	Multimedia-Labor
	Leitung:	Dipl.-Ing. A. Rieger
	Telefon:	07 21/ 9 25 25 07
4.	Name des Labors:	Photo-Labor
	Leitung:	Prof. Dr. B. Pfeiffer
	Telefon:	07 21/ 9 25 25 06
5.	Name des Labors:	Photogrammetrie-Labor
	Leitung:	Prof. Dr. B. Pfeifer / Prof. Dr. G. Hell
	Telefon:	07 21/ 9 25 25 74
6.	Name des Labors:	GIS-Labor / DBV
	Leitung:	Prof. Dr. G. Schweinfurth
	Telefon:	07 21/ 9 25 25 70
7.	Name des Labors:	CAD-Labor
	Leitung:	Prof. Dr. U. Girndt

8.	Name des Labors:	Messdach
	Leitung:	Prof. Dr. T. Müller
	Telefon:	07 21/ 9 25 28 08
9.	Name des Labors:	PC-Pool I, II, III
	Leitung:	Dipl.-Ing. A. Rieger
10.	Name des Labors:	C/P-Labor
	Leitung:	Prof. Dr. G. Schweinfurth
	Telefon:	07 21/ 9 25 25 92
	Fax:	07 21/ 9 25 29 27
11.	Name des Labors:	Labor für Medientechnik
	Leitung:	Prof. Dr. H. Musall / Prof. Dr. H.-J. Zylka
	Telefon:	07 21/ 9 25 29 21
	Fax:	07 21/ 9 25 29 27
12.	Name des Labors:	Labor für Medienintegration
	Leitung:	Prof. Dr. Ch. Herrmann
	Telefon:	07 21/ 9 25 29 22
	Fax:	07 21/ 9 25 29 27

Studiengang Vermessungswesen

Übersicht über die Lehrfächer und Prüfungen
gemäß der Studien- und Prüfungsordnung vom: 16.06.99

Lehrfach	Studienabschnitt			Prüfungsleistungen			
	Grund- studium V + Ü	Haupt- studium V + Ü	Vertiefungs- studium V + Ü	Grund- studium		Haupt- studium	
				Schein Beleg	Prüf- ung	Schein Beleg	Prüf- ung
Mathematik	14				3		
Geometrie	2				1		
Math.Stat./ Fehlerlehre/ Ausgleichsrechnung	5	4			2	1	1
Grundl. der Informatik	5			2	2		
Physik, Optik, Elektronik	4				1		
Geologie, Ökologie, Geomorphologie	2		2		1		1
Vermessungskunde/ Instrumentenkunde	26	12		6	4		1
Ingenieurgeodäsie		4	4			2	2
Recht/ Verwaltungs- grundlagen		4					2
Photogrammetrie		6	4			3	1
Fernerkundung/Digi- tale Bildverarbeitung	2		5		1	2	1
Topographie/ Karto- graphie/ Kartennetze	2	4		1		1	1
Geoinformationssysteme		6	2			4	1
Höhere Geodäsie/ Landesvermessung	4	1			1	1	
Satellitengeodäsie/ Astronomie		3	3			2	2
Ingenieurbau/Wasserbau/ Bauwesen		4	8				6
Siedlungswesen/ Landesplanung		2	2				2

Lehrfach	Studienabschnitt			Prüfungsleistungen			
	Grund-studium V + Ü	Haupt-studium V + Ü	Vertiefungs-studium V + Ü	Grund-studium		Haupt-studium	
				Schein Beleg	Prüf-ung	Schein Beleg	Prüf-ung
Organisationslehre/ Management/ Führungs- u. Bewerbungstraining	4	4	6	1	2	1	5
Kataster/ Liegenschafts-wesen	2	2			1		1
Neuordnung des ländlichen Raumes		2					1
Grundstücksbewertung		3					1
Seminare		1					1
Hauptvermessungsübung Exkursionen		10				2	
Programmieren	6			3	1		
Graphische DV	2	4		2	1	1	1
Datenbanken	2			1	1		
Geodätische DV	4			1	1		
3D-Visualisierung			2			1	
Software-Engineering			2				1
Programm-Entwicklung			2			1	
Geographie			2				1
Dauer der Diplomarbeit	4 Monate						

Hinweise und Anmerkungen

1. **Vorpraktikum:** - erforderlicher Umfang 8 Wochen bis zum 1. Semester

2. **Hinweise zu studienbegleitenden Prüfungen:**

Bis auf drei semesterübergreifende Prüfungen werden alle Fächer in einer dreiwöchigen Prüfungszeit, die sich direkt an die Vorlesungszeit (ca. 16 Wochen) anschließt, abgeprüft, soweit Klausuren bzw. Prüfungen vorgeschrieben sind.

3. **Erläuterungen zum Vertiefungsstudium:**

siehe Studien- und Prüfungsordnung Studiengang Vermessungswesen § 34 (4)-(6)

Studien- und Prüfungsordnung der Fachhochschule Karlsruhe - Hochschule für Technik

Besondere Bestimmungen für den Studiengang Vermessungswesen

Vom 16. Juni 1999

§ 33/V Vorpraktikum

(1) Voraussetzung für die Zulassung zum Studium ist ein Vorpraktikum von zwei Monaten.

(2) Das Vorpraktikum hat folgende Ausbildungsinhalte:
Einführung in das Aufgabenspektrum des Vermessungswesens; Kennenlernen des Berufsalltags durch Mitarbeit in der Vermessungspraxis; Einweisung in einfache theoretische und praktische Vermessungsarbeiten.
Ziel: Vermittlung des Berufsbildes „Vermessungsingenieur".

§ 34/V Aufbau des Studienganges

(1) Im Studiengang Vermessungswesen umfaßt das Grundstudium vier Semester, das Hauptstudium vier Semester.

(2) Das 4. Semester und das 7. Semester sind Praktische Studiensemester.

(3) Der Gesamtumfang der für den erfolgreichen Abschluß des Studiums erforderlichen Lehrveranstaltungen im Pflicht- und Wahlpflichtbereich beträgt 169 Semesterwochenstunden.

(4) Studienschwerpunkte werden durch fachbezogene Wahlpflichtfächer angeboten. Aus dem Angebot der fachbezogenen Wahlpflichtfächer muß ein Block komplett belegt werden, dazu drei weitere Fächer aus dem Gesamtangebot.

(5) Jede/r Studierende hat im Rahmen des Geodätischen Seminars, das im 8. Semester vorgesehen ist, ein Referat zu halten. Der Prüfungsausschuß kann in begründeten Fällen zulassen, daß das Seminar in einem anderen Semester absolviert wird.

(6) Aus dem Angebot der allgemeinbildenden Wahlpflichtfächer des Fachbereichs Sozialwissenschaften sind zwei Fächer zu wählen. Die Modalitäten sind durch den veranstaltenden Fachbereich festgelegt.

§ 35/V Praktische Studiensemester

(1) Ein Praktisches Studiensemester kann nur aufgenommen werden, wenn die in den nachfolgenden Tabellen formulierten Voraussetzungen erfüllt sind.

(2) Die berufspraktische Ausbildung im Praktischen Studiensemester dauert 19 Wochen (95 Präsenztage).

(3) Das 1. Praktische Studiensemester hat folgende Ausbildungsinhalte:
Vielseitiger und teilverantwortlicher Einsatz bei vermessungsbezogenen Arbeiten, die dem Ausbildungsstand entsprechen. Umgang mit Standardhard- und -software der Vermessungspraxis; Datenerhebung; Planung und Durchführung von Lage- und Höhenmessungen; Abmarkungen; Führen von Feldbüchern und Rissen; manuelle und EDV-gestützte Weiterverarbeitung von Meßergebnissen.
Ziel: Erlangen von Sicherheit in der Planung, Durchführung und Auswertung von Standard-Meßverfahren.

(4) Das 2. Praktisches Studiensemester hat folgende Ausbildungsinhalte:

Eigenverantwortliche Tätigkeit bei der Vorbereitung und Durchführung von Messungen sowie bei der Verarbeitung, Visualisierung und Interpretation von Geoinformationen. Erwerb von Kenntnissen über die besonderen Zweige des Berufsfeldes sowie die Querbezüge zu anderen Disziplinen. Organisation und Auftragsabwicklung, Wechselbeziehung theoretischer Erkenntnisse und praktischer Erfahrungen. Mitwirkung bei Projekten aus dem Bereich Geoinformationswesen mit erhöhtem Schwierigkeitsgrad.
Ziel: Fähigkeit, komplexe Aufgaben der Vermessungspraxis in Theorie und Praxis eigenverantwortlich zu lösen.

(5) Lehrveranstaltungen während der Praktischen Studiensemester:
Zu Beginn und am Ende der Praktischen Studiensemester finden vor- und nachbereitende Lehrveranstaltungen statt.
Während der Praktischen Studiensemester können an zwei Tagen gesonderte Veranstaltungen an der Fachhochschule stattfinden. Die Zeiten werden rechtzeitig bekanntgegeben.

§ 36/V Studien- und Prüfungsplan

(1) Die für den erfolgreichen Abschluß des Studiums erforderlichen Lehrveranstaltungen im Pflicht- und Wahlpflichtbereich sowie die jeweils zugehörigen Studien- und Prüfungsleistungen ergeben sich aus den Tabellen des obigen Erhebungsbogens.

(2) Die Fachprüfungen der Diplom-Vorprüfung, die zugehörigen Prüfungsleistungen und die Prüfungsvorleistungen sowie die Gewichtung der Noten der einzelnen Prüfungsleistungen für die Ermittlung der Fachnoten ergeben sich aus den Tabellen der Anlagen zur Studien- und Prüfungsordnung.

(3) Die Fachprüfungen der Diplomprüfung, die zugehörigen Prüfungsleistungen und die Prüfungsvorleistungen ergeben sich aus den Tabellen der Anlagen zur Studien- und Prüfungsordnung.

(4) Alle Studien- und Prüfungsleistungen des Grundstudiums sind termingebunden.

§ 37/V Diplomarbeit

(1) Die Bearbeitungszeit für die Diplomarbeit beträgt vier Monate.

§ 38/V Zeugnis und Urkunde

(1) Das Zeugnis enthält die Angabe der Studienrichtung. Die Studienrichtung lautet: Vermessung und Geoinformatik.

(2) Die Urkunde enthält die Angabe der Fachrichtung. Die Fachrichtung lautet:
Geoinformationswesen

Studiengang Kartographie und Geomatik

Übersicht über die Lehrfächer und Prüfungen
gemäß der Studien- und Prüfungsordnung gültig ab WS 1999/2000

Lehrfach	Studienabschnitt			Prüfungsleistungen			
	Grund-studium V + Ü	Haupt-studium V + Ü	Vertiefungs-studium V + Ü	Grund-studium		Haupt-studium	
				Schein Beleg	Prüf-ung	Schein Beleg	Prüf-ung
Mathematik	4			1	1		
Geometrie	2				1		
Grundl. der Informatik	12				2		
Geologie, Ökologie, Geomorphologie, Geographie	12			1	1		
Vermessungskunde/ Instrumentenkunde	5			1	1		
Photogrammetrie		6					1
Fernerkundung/ Digitale Bildverarbeitung	2	3			1		1
Topographie/ Karto-graphie/ Kartennetze	13				3		
Geoinformationssysteme		9				1	2
Siedlungswesen/ Landesplanung		2					1
Seminare		2				1	
Kartendesign- und herstellung	10			1	1		
Graphikprogramme	2			1			
Mediendesign- und Medientechnik	12			1	1		
Kartenredaktion und –entwurf	6	6			1	1	1
Themat. Kartographie	6	10		1	1	1	1
Graphische Datenverarbeitung	2				1		
Datenkommunikation	2				1		
Integrale Kartographie		6					1
Statistische Methoden		2					1

Lehrfach	Studienabschnitt			Prüfungsleistungen			
	Grund-studium V + Ü	Haupt-studium V + Ü	Vertiefungs-studium V + Ü	Grund-studium		Haupt-studium	
				Schein Beleg	Prüf-ung	Schein Beleg	Prüf-ung
Algorithmen + Datenstrukturen		2					1
Datenbanken + Informationssysteme		4					1
Verlagskartographie		4					1
Gebrauchsgrafik		2				1	
Ausgewählte Kapitel der Kartographie		4				1	2
Berufspädagogik- und Berufsrecht	4	4			2		2
Fremdsprache		6					1
Wahlpflichtfächer (Multimedia / Geoinformatik)			8				2
Dauer der Diplomarbeit	4 Monate						

Hinweise und Anmerkungen

1. **Vorpraktikum:** nicht erforderlich

Studien- und Prüfungsordnung der Fachhochschule Karlsruhe - Hochschule für Technik

Bestimmungen für den Studiengang Kartographie – Geomatik

Abschluss: Diplom
gültig ab: WS 1999/2000

§ 33-K Vorpraktikum

(1) Für die Zulassung zum Studium ist kein Vorpraktikum erforderlich.

§ 34-K Aufbau des Studienganges

(1) Im Studiengang Kartographie umfaßt das Grundstudium vier Semester, das Hauptstudium vier Semester.

(2) Das vierte Semester und das siebte Semester sind praktische Studiensemester.

(3) Der Gesamtumfang der für den erfolgreichen Abschluss des Studiums erforderlichen Lehrveranstaltungen im Pflicht- und Wahlpflichtbereich beträgt 172 Semesterwochenstunden.

§ 35-K Praktische Studiensemester

(1) Ein praktisches Studiensemester kann nur aufgenommen werden, wenn die in den Tabellen der Anlagen zur Studien- und Prüfungsordnung formulierten Voraussetzungen erfüllt sind.

(2) Die berufspraktische Ausbildung im praktischen Studiensemester dauert 20 Wochen (95 Präsenztage).

(3) Das erste praktische Studiensemester hat folgende Ausbildungsinhalte:
Die Studierenden erweitern ihr Studienwissen durch Anschauung und Erprobung der Kenntnisse bei Aufgabenstellungen in der Unternehmenspraxis. Dabei lernen sie die Arbeitsbedingungen, Arbeitsmethoden und Techniken bzw. Technologien des Kartographen in der Praxis kennen und anwenden.
Beispiele für mögliche Aufgabenstellungen sind:
- Genauigkeitsübungen auf Karton
- Entwurf und Digitalisierung von Signaturen
- Übungen zum Generalisieren
- Kartographische Darstellung von Geländeformen
- Erstellung von Layout und Zeichenerklärung
- Bearbeitung eines Ausschnitts einer topographischen oder thematischen Karte
- Digitalisieren eines Kartenausschnitts

(4) Das zweite praktische Studiensemester hat folgende Ausbildungsinhalte:
Die Studierenden erproben die im bisherigen Verlauf des Studiums erworbenen Kenntnisse und Fähigkeiten. Dies sollte möglichst durch qualifizierte Mitarbeit an Projekten geschehen, im Rahmen dessen die Studierenden unter Anleitung erfahrener Mitarbeiter bestimmte Teilaufgaben in eigener Verantwortung bearbeiten können.
Beispiele für mögliche Aufgabenstellungen sind:
- Erwerb von vertieften Kenntnissen über die besonderen Zweige des Berufsfeldes, ihre Aufgaben und ihre Einordnung in das gesellschaftliche Gesamtbild, die organisatorische Gliederung, die Auftragsabwicklung sowie die Wechselbeziehung theoretischer Erkenntnisse und praktischer Erfahrung
- Bearbeitung von physischen und thematischen Karten

- Mitwirkung bei kartographischen Entwurfsarbeiten
- Konzeption, Gestaltung und Herstellung eines Multimediaproduktes
- Arbeiten mit geographischen Informationssystemen
- Arbeiten im Internet.

(5) Die praktischen Studiensemester sind dann erfolgreich abgeleistet, wenn die praktische Tätigkeit und die begleitenden Lehrveranstaltungen erfolgreich erbracht sind.

§ 36-K Lehrveranstaltungen, Studien- und Prüfungsplan

(1) Die für den erfolgreichen Abschluss des Studiums erforderlichen Lehrveranstaltungen im Pflicht- und Wahlpflichtbereich sowie die jeweils zugehörigen Studien- und Prüfungsleistungen ergeben sich aus den Tabellen des obigen Erhebungsbogens.

(2) Die Fachprüfungen der Diplom-Vorprüfung, die zugehörigen Prüfungsleistungen und die Prüfungsvorleistungen sowie die Gewichtung der Noten der einzelnen Prüfungsleistungen für die Ermittlung der Fachnoten ergeben sich aus den Tabellen der Anlagen zur Studien- und Prüfungsordnung.

(3) Die Fachprüfungen der Diplomprüfung, die zugehörigen Prüfungsleistungen und die Prüfungsvorleistungen sowie die Gewichtung der Noten der einzelnen Prüfungsleistungen für die Ermittlung der Fachnoten ergeben sich aus den Tabellen der Anlagen zur Studien- und Prüfungsordnung.

(4) Eine Fachprüfung ist bestanden, wenn die zugeordneten Studienleistungen und die zugeordneten Prüfungsleistungen erfolgreich abgeschlossen sind. Eine Fachprüfung mit mehreren Prüfungsleistungen ist nur bestanden, wenn jede Prüfungsleistung mindestens mit „ausreichend“ (4,0) bewertet wurde.

(5) Der Studierende hat im achten Semester den Wahlpflichtbereich „Multimediale Kartographie“ oder den Wahlpflichtbereich „Geoinformatik“ zu wählen.

§ 37-K Diplomarbeit

(1) Die Bearbeitungszeit für die Diplomarbeit beträgt in der Regel vier Monate.

§ 38-K Zeugnis und Urkunde

(1) Im Zeugnis und in der Urkunde wird der Studiengang angegeben, in dem das Studium erfolgreich abgeschlossen wurde. Die Angabe lautet: Studiengang Kartographie.

(2) Im Zeugnis wird die Angabe des Studienganges durch die Angabe „Geoinformatik“ ergänzt.

Fachhochschule Magdeburg

Studiengang	**Bauvermessung**
Fachbereich:	**Bauwesen**
Dekan:	Prof. Dr.-Ing. Konrad Hinrichsmeyer
Prodekan:	Prof. Dr.-Ing. Hermann-Josef Benger
Studienberatung:	Prof. Dr.-Ing. Scheffler (für SG Vermessungswesen)
Anschrift:	Breitscheidstr. 2 **39114 Magdeburg**
Telefon:	03 91/ 8 86 42 12 (Sekretariat des FB Bauwesen)
Fax:	03 91/ 8 86 42 13
E-Mail:	Tobias.Scheffler@gmx.de
homepage:	http://www.bauwesen.fh-magdeburg.de

Summe der Professoren auf Planstellen	2
Summe der Lehrbeauftragten (Studium)	3
Summe der Laboringenieure auf Planstellen	2
Summe der Technischen Mitarbeiter auf Planstellen	keine

Studenten:	**1996**	**1997**	**1998**	**1999**
Studienanfänger:	/	16	18	28
Absolventen:	/	/	/	/
Regelstudienzeit:	8 Semester			
davon Praxissemester:	2 Praxissemester			
Vorpraktikum:	20 Wochen (Empfehlung, keine Pflicht)			

Labore

1.	Name des Labors:	Vermessungslabor
	Leitung:	Prof. Dr. Scheffler
	Telefon:	03 91/ 8 86 42 72
2.	Name des Labors:	Photogrammetrielabor
	Leitung:	Prof. Dr. Schuhr
	Telefon:	03 91/ 8 86 41 59

Studiengang Vermessungswesen (Bauvermessung)

Übersicht über die Lehrfächer und Prüfungen gemäß der Studien- und Prüfungsordnung vom: 04.01.1999 / 28.10.1998

Lehrfach	Studienabschnitt			Prüfungsleistungen			
	Grund-studium V + Ü	Haupt-studium V + Ü	Vertiefungs-studium V + Ü	Grund-studium		Haupt-studium	
				Schein Beleg	Prüf-ung	Schein Beleg	Prüf-ung
Mathematik	8				x		
Geometrie	2			x			
Math. Stat./ Fehlerlehre/ Ausgleichsrechnung		4					x
Grundl. der Informatik	4			x			
Physik, Optik, Elektronik	8				x		
Vermessungskunde/ Instrumentenkunde	8	2			x	x	x
Ingenieurgeodäsie		4					x
Recht/ Betriebswirtschaft	2	4			x	x	
Fernerkundung/ Photogrammetrie	8				x		
Kartographie/ CAD	8			x	x		
Geoinformationssysteme		6				x	
Landesvermessung/ Höhere Geodäsie		4					x
Satellitengeodäsie		4					x
Ingenieurbau/ Wasserbau		18				x	x
Siedlungswesen/ Landesplanung		4				x	
Kataster/ Liegenschafts-wesen/ Grundstücksbew.		4	4				x
Neuordnung des ländlichen Raumes		2	2				x
Seminare	2	16					x

Lehrfach	Studienabschnitt			Prüfungsleistungen			
	Grund-studium V + Ü	Haupt-studium V + Ü	Vertiefungs-studium V + Ü	Grund-studium		Haupt-studium	
				Schein Beleg	Prüf-ung	Schein Beleg	Prüf-ung
Architektur/ Baugeschichte		8					x
Baubetriebslehre		6					x
Bauvermessung	2	2		x			x
Tragwerkslehre / Hochbau	4	4		x			x
Datenverarbeitung im Vermessungswesen		2				x	
Bausanierung		4				x	
Organisationslehre / Management			4			x	
Fremdsprachen	4			x			
Dauer der Diplomarbeit	1 Semester						

Hinweise und Anmerkungen

1. **Vorpraktikum:** Erforderlicher Umfang 20 Wochen empfohlen bis zum 4. Semester jedoch nicht Pflicht

2. **Vertiefendes Studium** durch Wahlfächer in einem Gesamtumfang von 10 Semesterwochenstunden.

3. Durchführung zahlreicher Vermessungsübungen und Exkursionen im Studium.

Studienordnung für den Studiengang Vermessungswesen (Bauvermessung)

im Fachbereich Bauwesen an der Fachhochschule Magdeburg

vom 4. Januar 1999

§ 1 Geltungsbereich

Diese Studienordnung regelt Ziel, Inhalt und Aufbau des Studiums im Studiengang Vermessungswesen (Schwerpunkt Bauvermessung) auf der Grundlage der geltenden Diplomprüfungsordnung des Fachbereiches Bauwesen unter Berücksichtigung der fachlichen und hochschuldidaktischen Entwicklung und der Anforderungen der beruflichen Praxis.

§ 2 Ziel des Studiums

Das Studium bereitet in Form einer anwendungsbezogenen Ausbildung die Studierenden auf das innovative berufliche Tätigkeitsfeld des Vermessungsingenieurs vor. Dieses Studium vermittelt das dazu erforderliche Wissen und befähigt zu eigenständiger Arbeit. Im Studium wird die selbständige und verantwortungsbewußte Anwendung wissenschaftlicher und praktischer Erkenntnisse und Methoden vermittelt. Besonderer Wert wird auf ein gegenseitiges fachliches Verständnis zwischen Vermessungsingenieur, Architekt und Bauingenieur gelegt, was sich in der Vermittlung der entsprechenden Kenntnisse sowohl im Grundstudium als auch im Kernstudium äußert.
Das Studium bereitet insbesondere auf folgende berufliche Tätigkeitsbereiche vor:

- Arbeit als selbständiger Vermessungsingenieur;
- Mitarbeit in:
- amtlichen Vermessungsstellen und -behörden,
- privaten Vermessungsbüros,
- Bauordnungsämtern und öffentlichen Dienststellen mit Aufgaben in der Stadtplanung, der Hoch- und Tiefbauplanung, der Bauaufsicht, der Denkmalpflege,
- Planungsbüros mit städtebaulichen Aufgaben,
- Architekturbüros,
- Betrieben der Bauindustrie.

§ 3 Studiendauer

Die Regelstudienzeit umfaßt acht Semester einschließlich der Diplomprüfung. Das Studium gliedert sich in Grund- und Kernstudium. Das Grundstudium umfaßt zwei Semester und schließt mit dem Vordiplom ab. Das Kernstudium umfaßt sechs Semester. Zwei Semester davon werden als Praxissemester durchgeführt. Sie liegen im 5. und im 8. Semester. Im 8. Semester wird die Diplomarbeit, die in einem Kolloquium zu verteidigen ist, angefertigt. Ihre Durchführung ist in der Praxissemesterordnung des Fachbereiches geregelt.

§ 4 Studienvoraussetzungen

Als persönliche Voraussetzungen werden vom Studienbewerber gute Kenntnisse in der Mathematik und den naturwissenschaftlich – technischen Fächern sowie die Fähigkeit, sich mathematische – naturwissenschaftliche Kenntnisse und Betrachtungsweisen selbständig aneignen und auf technische Problemstellungen anwenden zu können, erwartet.
Zusätzlich zur geltenden Immatrikulationsordnung wird ein Nachweis über ein Vorpraktikum auf dem Gebiet des Vermessungswesens, das mindestens 20 Wochen

betragen sollte, empfohlen. Eine berufliche Ausbildung in einem Vermessungsberuf ist dieser Empfehlung gleichwertig.

§ 5 Prüfungen

Die durchzuführenden Prüfungen sind in der Prüfungsordnung des Fachbereiches Bauwesen festgelegt. Die Art der Studiennachweise und die Bewertung der Studienleistung sind dort festgeschrieben.

§ 6 Regelstudienplan

Siehe Erhebungsbogen!

Das Studium wird nach dem angeführten Fächerkatalog durchgeführt. An den Pflichtveranstaltungen soll in der zeitlichen Reihenfolge, wie dort aufgeführt, teilgenommen werden. Fächerkatalog und Studienplan werden vom Fachbereichsrat fortgeschrieben. Die Studieninhalte ergeben sich aus den Fächerinhalten.

Aus der aktuellen Liste der Wahlpflichtfächer gemäß Prüfungsordnung des Fachbereiches sind Studienfächer des Wahlpflichtbereiches in der vorgesehenen Semesterwochenstundenzahl zu belegen und abzuschließen.

§ 7 Praktikumssemester

Zwei Semester des Studiums werden als Praxissemester durchgeführt (5. und 8. Semester). Ihre Durchführung ist in der Praktikumsordnung geregelt.
Vom Fachbereich wird ein Auslandspraktikum im 5. Semester besonders empfohlen.

§ 8 Lehrveranstaltungen

Der Fachbereich bietet Vorlesungen, Seminare, Übungen, Entwurfs- und Projektarbeit, Exkursionen und Kolloquien nach Maßgabe der einzelnen Lehrfächer an. Zur Erfüllung des Studienzieles können darüber hinaus Lehrveranstaltungen in weiteren geeigneten Formen angeboten werden.
Die Teilnahme an Lehrveranstaltungen wird vom erfolgreichen Abschluß vorausgehender Lehrveranstaltungen abhängig gemacht.
Bei der Teilnahme an Lehrveranstaltungen haben die Studenten den Vorrang, für deren Studiengang und Semesterstufe die Lehrveranstaltungen vorgesehen sind.
Die Teilnehmerzahl für bestimmte Lehrveranstaltungen kann auf Beschluß des Fachbereichsrates beschränkt werden, wenn dies ein geordneter Lehrbetrieb erfordert.

§ 9 Studienabschluß

Nach bestandener Diplomhauptprüfung stellt die Fachhochschule Magdeburg ein Diplomzeugnis und eine Diplomurkunde aus. Danach ist die Absolventin/der Absolvent berechtigt, die Berufsbezeichnung „Diplomingenieur/ Diplomingenieurin (FH)"
zu führen.

§ 10 Inkrafttreten

Diese Studienordnung tritt am Tage nach der Bekanntmachung der Diplomprüfungsordnung des Fachbereiches Bauwesen in Kraft.

Fachhochschule Mainz

Studiengang	**Geoinformatik und Vermessung**
Fachbereich:	**FB I; FR Geoinformatik und Vermessung**
Dekan:	Prof. Dr. Klaus Unser
Prodekan:	Prof. Maurer
Fachrichtungsleiter:	Prof. Dr. Peter Hotzel
Studienberatung:	Prof. Vollbracht
Anschrift:	Holzstraße 36 **55116 Mainz**
Telefon:	0 61 31/ 26 28 12
Fax:	0 61 31/ 26 28 15
E-Mail:	hotzel@geoinform.fh-mainz.de
homepage:	http://www.geoinform.fh-mainz.de

Summe der Professoren auf Planstellen	13
Summe der Lehrbeauftragten (Studium)	8
Summe der Laboringenieure auf Planstellen	Assistenten: 3
Summe der Technischen Mitarbeiter auf Planstellen	2

Studenten:	**1996**	**1997**	**1998**	**1999**
Studienanfänger:	45	38	39	20
Absolventen:	32	23	19	25
Regelstudienzeit:	8 Semester			
davon Praxissemester:	1 Semester			
Vorpraktikum:	12 Wochen			

Labore

1.	Name des Labors:	GIS-Labor
	Leitung:	Prof. Dr. Boochs
	Telefon:	0 61 31/ 26 28 43
2.	Name des Labors:	Labor für Photogrammetrie
	Leitung:	Prof. Dr. Boochs / Prof. Dr. Böhler
	Telefon:	0 61 31/ 26 28 27

3.	Name des Labors:	Physik-Labor
	Leitung:	Prof. Dr. Born
	Telefon:	0 61 31/ 28 59 32 4
4.	Name des Labors:	Labor für Metronomie und Sondervermesssung
	Leitung:	Prof. Dr. Klennert
	Telefon:	0 61 31/ 26 28 26
5.	Name des Labors:	GPS-Labor
	Leitung:	Prof. Dr. Hotzel
	Telefon:	0 61 31/ 26 28 28

Studiengang Geoinformatik und Vermessung

Übersicht über die Lehrfächer und Prüfungen
gemäß der Studien- und Prüfungsordnung vom: 26. Mai 1999

Lehrfach	Studienabschnitt			Prüfungsleistungen			
	Grund-studium V + Ü	Haupt-studium V + Ü	Vertiefungs-studium V + Ü	Grund-studium		Haupt-studium	
				Schein Beleg	Prüf-ung	Schein Beleg	Prüf-ung
Mathematik	9+6				x		
Geometrie	2+2				x		
Math.St./ Fehlerlehre/ Ausgleichsrechnung	5+5				x		
Grundl. der Informatik	9+6	6+4			x		x
Physik, Optik, Elektronik	6+2				x		
Geologie, Ökologie, Geomorphologie			V: 1+0				x
Vermessungskunde/ Instrumentenkunde	11+11	1+2	V: 4+6		x		x
Ingenieurgeodäsie			V: 2+3				x
Recht/ Verwaltungs-grundlagen		2+0					x
Betriebswirtschaft		2+0					x

Lehrfach	Studienabschnitt			Prüfungsleistungen			
	Grund-studium V + Ü	Haupt-studium V + Ü	Vertiefungs-studium V + Ü	Grund-studium		Haupt-studium	
				Schein Beleg	Prüf-ung	Schein Beleg	Prüf-ung
Photogrammetrie		4+4					x
Fernerkundung/ Digitale Bildverarbcitung		4+2					x
Topographie/ Karto-graphie/ Kartennetze		3+2					x
Geoinformationssysteme			G: 8+6				x
Höhere Geodäsie/ Landesvermessung		3+0					x
Satellitengeodäsie/ Astronomie		2+2					x
Ingenieurbau/Wasserbau/ Bauwesen			V: 3+1				x
Siedlungswesen/ Landesplanung		1+0					x
Organisationslehre/ Management/ Führungs- u. Bewerbungstraining		1+0					x
Kataster/ Liegenschaftswesen		5+2					x
Neuordnung des ländl. Raumes		3+1					x
Grundstücksbewertung		3+0					x
Seminare			G+V: 0+2				
Hauptvermessungsübung Exkursionen		0+4					
Technisches Englisch		1+3					x
Präsentationstechnik		1+1					x
CAD	3+4						x
Dauer der Diplomarbeit	9 Monate bzw. 5 Monate**						

Hinweise und Anmerkungen

1. **Vorpraktikum:** Erforderlicher Umfang: 12 Wochen bis zum 3. Semester

2. **Hinweise zu studienbegleitenden Prüfungen:**

   Alle Prüfungen sind studienbegleitend und werden jeweils am Semesterende durchgeführt.

3. **Erläuterungen zum Vertiefungsstudium:**

   G = Studienschwerpunkt Geoinformatik
   V = Studienschwerpunkt Vermessung
   Studienschwerpunkte müssen ab dem 4. Semester belegt werden.

4. **Praxissemester:**

   Praxissemester im 5. Studiensemester – kann durch Auslandssemester oder Praxisprojekt ersetzt werden

Studienordnung für den Diplomstudiengang Geoinformatik und Vermessung der Fachhochschule Mainz

vom 26.5.1999

Auszug

Maskuline Personenbezeichnungen in dieser Ordnung gelten ebenso für Personen weiblichen Geschlechts.

Der Fachrichtungsausschuss Geoinformatik und Vermessung des Fachbereichs I der Fachhochschule Mainz hat am 26.5.1999 auf Grund des § 72 Absatz 2 Ziff. 1 in Verbindung mit § 14 des Fachhochschulgesetzes vom 06.02.1996 (GVBl. Seite 71) sowie der Teilgrundordnung vom 29. April 1998 (Staatsanzeiger S. 716) die folgende Studienordnung beschlossen. Sie wurde mit Schreiben vom 02.06.1999 dem Ministerium für Bildung, Wissenschaft und Weiterbildung angezeigt. Sie wird hiermit bekannt gegeben.

§ 1 Geltungsbereich

Diese Studienordnung regelt auf der Grundlage der Diplomprüfungsordnung und unter Berücksichtigung der Anforderungen der beruflichen Praxis Ziel, Inhalt und Aufbau des Studiums einschließlich Art und Dauer der einschlägigen praktischen Vorbildung für den Studiengang Geoinformatik und Vermessung der Fachhochschule Mainz.

§ 3 Studienbeginn

Das Studium kann zum Winter- oder Sommersemester aufgenommen werden. Der Fachrichtungsausschuss kann Ausnahmen beschließen.

§ 4 Studienvoraussetzungen

Die Zulassung zum Studium setzt unbeschadet der Bestimmungen der geltenden Einschreibeordnung voraus:

1. ein Zeugnis, das gemäß § 53 FHG zum Studium an der Fachhochschule Mainz berechtigt,
2. eine praktische Vorbildung gemäß § 5 dieser Studienordnung.

§ 5 Praktikum

(1) Das Praktikum hat einen Umfang von 12 Wochen. Davon sollte ein möglichst großer Anteil vor Aufnahme des Studiums erbracht sein. Der Rest ist bei Stellung des Antrags zur Erteilung des Diplomvorprüfungszeugnisses nachzuweisen.

Bei Bewerbern, die über eine praktische Vorbildung verfügen, die der gewählten Studienrichtung entspricht, entfällt das Praktikum.

§ 6 Studienaufbau und Umfang des Lehrangebots

(1) Das Lehrangebot erstreckt sich über acht Semester.
Der Umfang der für den erfolgreichen Abschluss des Studiums erforderlichen Lehrveranstaltungen im Pflicht- und Wahlpflichtbereich beträgt im Grundstudium und im Hauptstudium je 18 Lehrmodule (= 90 Leistungspunkte).
In den acht Semestern sind außerdem enthalten:

- ein praktisches Studiensemester gemäß § 3 Abs. 4 und 5 der Prüfungsordnung (= 30 Leistungspunkte) und

- die Diplomarbeit (= 30 Leistungspunkte).

(3) Für das Hauptstudium wählen die Studierenden im Studiengang Geoinformatik und Vermessung einen Studienschwerpunkt (Geoinformatik oder Vermessung). Einzelheiten über die Wahlmöglichkeiten und über die Semesterwochenstundenzahl sowie der Zeitpunkt des praktischen Studiensemesters nach § 7 sind in den Anlagen 2a und 2b dieser Ordnung geregelt.

§ 7 Praktisches Studiensemester

(1) Das praktische Studiensemester findet im Hauptstudium in der Regel im 5. Semester statt. Es hat einen Umfang von 20 Wochen. Studienbegleitende Lehrveranstaltungen werden auf diesen Umfang angerechnet.

§ 9 Lehrveranstaltungen

(1) Der Studiengang bietet entsprechend seinen fachlichen Besonderheiten Vorlesungen, Seminare, seminaristische Lehrveranstaltungen, Übungen, Praktika, Studienarbeiten, Projekte und Exkursionen an. Zur Erfüllung des Studienzieles können zusätzlich sonstige geeignete Lehrveranstaltungen angeboten werden.

(2) Die Teilnahme an Lehrveranstaltungen kann vom erfolgreichen Abschluss vorausgehender Lehrveranstaltungen abhängig gemacht werden. Die Entscheidung hierüber trifft vor Vorlesungsbeginn der Vorsitzende des Fachrichtungsausschusses auf Antrag des zuständigen Hochschullehrers.

§ 10 Studienleistungen

(6) Die erste und zweite Wiederholung einer Studienleistung muss jeweils zum nächstmöglichen angebotenen Termin nach Bekanntgabe des Nichtbestehens der Studienleistung erfolgen.

§ 11 Prüfungsleistungen

(1) Prüfungsleistungen können als mündliche oder schriftliche Prüfungen erbracht werden. Der Prüfungszeitraum wird zu Beginn des Semesters vom Prüfungsausschuss festgelegt.

§ 13 Schlussbestimmung

Diese Studienordnung tritt am 1.9.1999 in Kraft. Sie gilt für die Studierenden, welche das Studium nach dem Sommersemester 1999 neu beginnen.

Mainz, den 26.5.1999

Anlage 2a **Module Hauptstudium 4.- 8. Semester**

Studienschwerpunkt Geoinformatik

Fach		SWS V	Ü	Leistungspunkte/ **Credit Points**	**Prüfungsleistung/ Studienleistung**
4. Studiensemester					
Geoinformatik 1	P	3	2	5	Pr/St
Vermessungskunde 7	P	2	3	5	Pr/St
Photogrammmetrie 1	P	2	2	5	Pr/St
Landesvermessung	P	4	1	5	Pr/St
Topographische Übung	P		4	5	Pr/St
Datenverarbeitung 4	P	3	2	5	Pr/St
Σ		14	14	30	
Σ		28			
5. Studiensemester					
Prakt. Studiensemester				30	St
6. Studiensemester					
Geoinformatik 2	P	3	2	5	Pr/St
Geoinformatik 3	P	3	2	5	Pr/St
Kartographie	P	3	2	5	Pr/St
Photogrammmetrie 2	P	2	2	5	Pr/St
Liegenschaftswesen	P	4	1	5	Pr/St
Datenverarbeitung 5	P	3	2	5	Pr/St
Σ		18	11	30	
Σ		29			
7. Studiensemester					
Geoinformatik 4	P	3	2	5	Pr/St
Bodenmanagement	P	4	1	5	Pr/St
Landentwicklung	P	4	1	5	Pr/St
Recht, Betriebswirtschaft, Projektmanagement	P	5		5	Pr
Technisches Englisch	P	1	3	5	Pr/St
Präsentationstechnik, Seminar in Geoinformatik	P	1	3	5	Pr/St
Σ		18	10	30	
Σ		28			
8. Studiensemester					
Diplomarbeit				30	Pr
Σ		85		150	

Das Gewicht einer Prüfungsleistung bei der Errechnung des Gesamtergebnisses richtet sich nach den Leistungspunkten.

Anlage 2b **Module Hauptstudium 4.- 8. Semester**

Studienschwerpunkt Vermessung

Fach		SWS V	SWS Ü	Leistungspunkte/ Credit Points	Prüfungsleistung/ Studienleistung
4. Studiensemester					
Ingenieurbau, Geologie	P	4	1	5	Pr
Vermessungskunde 7	P	2	3	5	Pr/St
Photogrammmetrie 1	P	2	2	5	Pr/St
Landesvermessung	P	4	1	5	Pr/St
Topographische Übung	P		4	5	Pr/St
Datenverarbeitung 4	P	3	2	5	Pr/St
Σ		15	13	30	
Σ		28			
5. Studiensemester					
Prakt. Studiensemester	P			30	St
6. Studiensemester					
Vermessungskunde 8	P	2	3	5	Pr/St
Messtechnik	P	2	3	5	Pr/St
Kartographie	P	3	2	5	Pr/St
Photogrammmetrie 2	P	2	2	5	Pr/St
Liegenschaftswesen	P	4	1	5	Pr/St
Datenverarbeitung 5	P	3	2	5	Pr/St
Σ		16	13	30	
Σ		29			
7. Studiensemester					
Vermessungskunde 9	P	2	3	5	Pr/St
Bodenmanagement	P	4	1	5	Pr/St
Landentwicklung	P	4	1	5	Pr/St
Recht, Betriebswirtschaft, Projektmanagement	P	5		5	Pr
Technisches Englisch	P	1	3	5	Pr/St
Präsentationstechnik, Geodätisches Seminar	P	1	3	5	Pr/St
Σ		17	11	30	
Σ		28			
8. Studiensemester					
Diplomarbeit	P			30	Pr
Σ		85		150	

Das Gewicht einer Prüfungsleistung bei der Errechnung des Gesamtergebnisses richtet sich nach den Leistungspunkten.

Ordnung für die Diplomprüfung im Studiengang Geoinformatik und Vermessung an der Fachhochschule Mainz

vom 26.5.1999

Aufgrund des § 5 Abs. 2 Nr. 3 und des § 72 Abs. 2 Nr. 3 des Fachhochschulgesetzes (FHG) vom 06. Februar 1996 (GVBl. S. 71) sowie der Teilgrundordnung vom 29. April 1998 (Staatanzeiger S. 716) hat der Fachrichtungsausschuss Geoinformatik und Vermessung des Fachbereichs I der Fachhochschule Mainz am 26.5.1999 die folgende Prüfungsordnung für den Diplomstudiengang Geoinformatik und Vermessung an der Fachhochschule Mainz beschlossen. Diese Diplomprüfungsordnung hat das Ministerium für Bildung, Wissenschaft und Weiterbildung genehmigt.

Sie wird hiermit bekanntgemacht.

INHALT

Auszug

Maskuline Personenbezeichnungen in dieser Ordnung gelten ebenso für Personen weiblichen Geschlechts.

I. Allgemeines

§ 1 Zweck der Prüfung

Die Diplomprüfung bildet den berufsqualifizierenden Abschluss des Diplomstudienganges Geoinformatik und Vermessung.

§ 2 Diplomgrad

Aufgrund der bestandenen Diplomprüfung wird der akademische Grad „Diplom-Ingenieurin (FH)“ bzw. „Diplom-Ingenieur (FH)“ (abgekürzt "Dipl.-Ing. (FH)") verliehen.

§ 3 Regelstudienzeit, Studienaufbau und Umfang des Lehrangebotes

(1) Die Studienzeit, in der das Diplomstudium in der Regel abgeschlossen werden kann (Regelstudienzeit), beträgt acht Semester. Darin ist ein Studiensemester gemäß Absatz 4 enthalten. Innerhalb der Regelstudienzeit können die Diplomvorprüfung und die Diplomprüfung abgelegt werden.

(2) Das achtsemestrige Studium gliedert sich in ein dreisemestriges Grundstudium und ein fünfsemestriges Hauptstudium. Davon dient ein Semester der Anfertigung der Diplomarbeit.

(3) Das Lehrangebot gliedert sich in 36 Module von je 4 oder 5 Semesterwochenstunden im Pflicht- und Wahlpflichtbereich. Je Modul werden auf Grund von Prüfungs- und bzw. oder Studienleistungen gemäß Anlagen 1, 2a und 2b fünf Leistungspunkte (ECTS-Punkte) vergeben. Im Rahmen der für den erfolgreichen Abschluss des Studiums erforderlichen Lehrveranstaltungen im Gesamtumfang von maximal 180 Semesterwochenstunden (SWS) sind höchstens 4 SWS für den Wahlbereich enthalten.
Das Grundstudium umfasst 90 Leistungspunkte, das Hauptstudium 150 Leistungspunkte, davon entfallen je 30 Leistungspunkte auf das Semester gem. Abs. 4 und die Diplomarbeit.

(4) Das 5. Semester des Hauptstudiums ist als praktisches von der Fachhochschule begleitetes Studiensemester ausgestaltet. Es umfasst einschließlich der studienbegleitenden Lehrveranstaltungen einen zusammenhängenden Zeitraum von 20 Wochen.

(5) Das praktische Studiensemester kann durch ein Auslandssemester oder in Ausnahmefällen durch gleichwertige Praxisprojekte ersetzt werden. Über die Gleichwertigkeit entscheidet der Prüfungsausschuss. Für das praktische Studiensemester und die damit verbundenen Studienleistungen werden 30 Leistungspunkte vergeben.

(8) Die Prüfungen können auch vor Ablauf der festgesetzten Fristen abgelegt werden, sofern die für die Zulassung zur Prüfung erforderlichen Voraussetzungen erfüllt sind.

§ 7 Arten der Prüfungs- und Studienleistungen

Prüfungsleistungen sind:
1. mündliche Prüfungen gem. § 8
2. schriftliche Prüfungen gem. § 9
3. die Diplomarbeit gem. § 10.

(2) Studienleistungen (Leistungsnachweise) werden in Form von Übungen, Referaten, Kolloquien, Seminaren, Hausarbeiten, Testaten oder Klausuren erbracht.

§ 8 Mündliche Prüfungen

(2) Mündliche Prüfungen sind Einzel- oder Gruppenprüfungen. An Gruppenprüfungen dürfen nicht mehr als drei Studierende teilnehmen.

(3) Sofern in dieser Ordnung nichts anderes bestimmt ist, dauern mündliche Prüfungen in der Regel 20 Minuten je Studierendem. Die Dauer kann in begründeten Fällen bis zu 5 Minuten unterschritten bzw. 10 Minuten überschritten werden.

§ 9 Schriftliche Prüfungen

(2) Klausuren dauern mindestens 60 und höchstens 240 Minuten.

(3) Projekt- und Hausarbeiten sind Einzelarbeiten oder Gruppenarbeiten. Bei Gruppenarbeiten muss der als Prüfungsleistung zu bewertende Beitrag der einzelnen Studierenden deutlich unterscheidbar und bewertbar sein. Die Bearbeitungszeit beträgt in der Regel nicht mehr als 6 Wochen.

§ 10 Diplomarbeit

(2) Die Studierenden haben dafür Sorge zu tragen, dass sie spätestens zwei Monate nach Abschluss der Fachprüfungen das Thema der Diplomarbeit erhalten; andernfalls gilt die Diplomarbeit als erstmals nicht bestanden.

(3) Die Bearbeitungszeit beträgt drei Monate, gerechnet vom Ausgabetermin des Themas. Im Einzelfall kann der Vorsitzende des Prüfungsausschusses im Einvernehmen mit dem Themensteller eine Nachfrist von bis zu drei Monaten gewähren. Bei experimentellen Themen beträgt die Bearbeitungszeit bis zu sechs Monate.

§ 11 Bewertung der Prüfungs- und Studienleistungen

Für die Bewertung der Prüfungsleistungen sind folgende Noten zu verwenden:

1 = sehr gut = eine hervorragende Leistung
2 = gut= einc Leistung, die erheblich über den durchschnittlichen Anforderungen liegt
3 = befriedigend = eine Leistung, die durchschnittlichen Anforderungen entspricht
4 = ausreichend = eine Leistung, die trotz ihrer Mängel noch den Anforderungen genügt
5 = nicht ausreichend = eine Leistung, die wegen erheblicher Mängel den Anforderungen nicht mehr genügt.

Zur differenzierten Bewertung der Prüfungsleistungen können die Noten um 0,3 auf Zwischenwerte erhöht oder erniedrigt werden; die Noten 0,7, 4,3, 4,7 und 5,3 sind dabei ausgeschlossen. Studienleistungen werden mit ausreichend oder nicht ausreichend bewertet.

§ 13 Bestehen, Nichtbestehen und Bescheinigung von Prüfungs- und Studienleistungen

(1) Die Diplomvorprüfung ist bestanden, wenn im Grundstudium in den angebotenen Lehrmodulen insgesamt 90 Leistungspunkte erreicht sind.
Die Leistungspunkte eines Moduls werden erteilt, wenn:
a) die im Modul geforderte Prüfungsleistung mit mindestens ausreichend bewertet wurde und
b) die im Modul jeweilig geforderte Studienleistung mit ausreichend bewertet wurde.

(2) Die Diplomprüfung ist bestanden, wenn:

1. die Diplomvorprüfung bestanden ist
2. im Hauptstudium in den angebotenen Lehrmodulen einschließlich der Diplomarbeit und der Ableistung des praktischen Studiensemesters 150 Leistungspunkte erbracht sind.

(5) Ist eine schriftliche Prüfung in einem Lehrmodul endgültig nicht bestanden und würde dies zum endgültigen Nichtbestehen der Diplomvorprüfung oder Diplomprüfung führen, so findet eine mündliche Ergänzungsprüfung spätestens vor Anmeldeschluss des nächsten Prüfungstermins statt. Nach bestandener mündlicher Ergänzungsprüfung lautet das Gesamtergebnis in diesem Modul "ausreichend" (4,0).

§ 14 Freiversuch

(1) Im Rahmen der Diplomprüfung gilt eine Prüfung gemäß § 8 bzw. 9 im Falle des Nichtbestehens als nicht unternommen, falls die Prüfung zum frühest möglichen Zeitpunkt abgelegt wurde und die weiteren Teile der Prüfung bereits abgelegt sind oder noch innerhalb der Regelstudienzeit abgelegt werden können (Freiversuch). Für die Diplomarbeit gemäß § 10 wird ein Freiversuch nicht gewährt.

(2) Eine im Freiversuch bestandene Prüfung kann einmal zur Notenverbesserung zum jeweils nächsten Prüfungstermin wiederholt werden. Wird eine Notenverbesserung nicht erreicht, bleibt die im ersten Prüfungsversuch erzielte Note gültig.

(5) Liegen die Voraussetzungen für einen Freiversuch vor, hat der Studierende dies unaufgefordert mit der Meldung zu einer Prüfung schriftlich zu erklären und nachzuweisen.

§ 15 Wiederholung von Prüfungen und Diplomarbeit

(1) Prüfungen mit Ausnahme der Diplomarbeit, die nicht mindestens mit "ausreichend“ bewertet worden sind, können zweimal wiederholt werden. Sind Teile einer Prüfung nicht bestanden, so müssen nur diese wiederholt werden. Die Wiederholung einer bestandenen Prüfung ist nicht zulässig. § 14 Abs. 2 bleibt unberührt.

(2) Die Diplomarbeit kann nur einmal wiederholt werden. Im Falle des Nichtbestehens muss das neue Thema innerhalb von drei Monaten nach Datum des Bescheids über das Nichtbestehen beim Vorsitzenden des Prüfungsausschusses angemeldet werden.

II. Diplomvorprüfung

§ 17 Zweck und Durchführung der Diplomvorprüfung

(2) Die Prüfungen der Diplomvorprüfung werden studienbegleitend im Anschluss an die jeweiligen Lehrveranstaltungen des Grundstudiums durchgeführt.

(3) Die Diplomvorprüfung soll insgesamt vor Beginn der Lehrveranstaltungen des vierten Fachsemesters abgeschlossen sein.

§ 18 Umfang und Art der Diplomvorprüfung

(1) Die Diplomvorprüfung besteht aus Prüfungen in den einzelnen Modulen, die in der Übersicht über die Lehrveranstaltungen als Prüfungen aufgeführt sind.

III. Diplomprüfung

§ 20 Zweck und Durchführung der Diplomprüfung

(1) Die Diplomprüfung bildet den berufsqualifizierenden Abschluss des Diplomstudienganges Geoinformatik und Vermessung.

§ 21 Umfang und Art der Diplomprüfung

Die Diplomprüfung besteht aus
1. der Diplomarbeit aus einem Gebiet der Geoinformatik und Vermessung
2. den Prüfungen in den Modulen, die in der Übersicht der Lehrfächer aufgeführt sind.

§ 22 Bildung der Gesamtnote, Zeugnis

(1) Über die bestandene Diplomprüfung wird ein Zeugnis ausgestellt. Es enthält:
1. Studiengang
2. Thema und Note der Diplomarbeit
3. Noten der Fächer
4. Gesamtnote.

V. Inkrafttreten

§ 26 Inkrafttreten

Die Prüfungsordnung tritt am Tage nach ihrer Veröffentlichung im Staatsanzeiger für Rheinland-Pfalz in Kraft. Sie gilt erstmals für Studierende, die sich zum WS 1999/2000 in das 1. Semester des Studiengangs Geoinformatik und Vermessung an der Fachhochschule Mainz einschreiben.

Mainz, den 26.5.1999

Der Vorsitzende des Fachrichtungsausschusses Geoinformatik und Vermessung des Fachbereichs I der Fachhochschule Mainz.

Fachhochschule München

Studiengänge	**Vermessungswesen und Geoinformation; Kartographie und Mediengestaltung**
Fachbereich:	**Vermessungswesen und Kartographie**
Dekan:	Prof. Dr. Erich Nagel
Prodekan:	Prof. Jürgen Strehle
Studiendekan:	Prof. A. Schließer (für Vermessungswesen - **VM**); Prof. Dr. P. Kammerer (für Kartographie - **KA**)
Studienberatung:	Prof. Eckhard Waldmann (für Vermessungswesen); Prof. Peter Mellmann (für Kartographie)
Anschrift:	Karlstraße 6, **80333 München**
Telefon:	0 89/ 12 65-26 19
Fax:	0 89/ 12 65-26 98
E-Mail:	FB08@vm.fh-muenchen.de
homepage:	http://www.fh-muenchen.de

Summe der Professoren auf Planstellen	20
Summe der Lehrbeauftragten (Studium)	11
Summe der Laboringenieure auf Planstellen	4
Summe der Technischen Mitarbeiter auf Planstellen	1

Studenten:	**1996**	**1997**	**1998**	**1999**
Studienanfänger VM:	41	39	32	22
Studienanfänger KA:	31	30	26	24
Absolventen VM:	58	53	67	32
Absolventen KA:	18	14	35	16
Studiendauer (Median):	9,8 Semester (VM) bzw. 10,8 Semester (KA)			
Regelstudienzeit:	8 Semester			
davon Praxissemester:	1 Semester			
Vorpraktikum:	12 Wochen (VM) bzw. 16 Wochen (KA)			

Labore

1.	Name des Labors:	Elektronische Datenverarbeitung
	Leitung:	Prof. Dr. W. Hübner
	Telefon:	0 89/ 12 65-26 68
2.	Name des Labors:	CAD-Labor
	Leitung:	Prof. Dr. H. Wimmer
	Telefon:	0 89/ 12 65-26 32
3.	Name des Labors:	Vermessungstechnische Instrumente
	Leitung:	Prof. A. Schließer
	Telefon:	0 89/ 12 65-26 32
4.	Name des Labors:	Photogrammetrie
	Leitung:	Prof. Dr. A. Krystek
	Telefon:	0 89/ 12 65-26 58
5.	Name des Labors:	Reprotechnik
	Leitung:	Prof. Dr. H. Schmidt
	Telefon:	0 89/ 12 65-26 70/ 26 82
6.	Name des Labors:	Kartographische Bildverarbeitung
	Leitung:	Prof. Dr. P. Kammerer
	Telefon:	0 89/ 12 65-26 18
7.	Name des Labors:	Computergestützte Kartographie
	Leitung:	Prof. Dr. Th. Wintges
	Telefon:	0 89/ 12 65-26 35
8.	Name des Labors:	Geoinformationssysteme
	Leitung:	Prof. Dr. H. Wimmer und Prof. Dr. R. Klauer
	Telefon:	0 89/ 12 65-26 32/ 26 49

Studiengang Vermessung und Geoinformation

Übersicht über die Lehrfächer und Prüfungen
gemäß der Studien- und Prüfungsordnung vom: Dezember 1999

Lehrfach	Studienabschnitt			Prüfungsleistungen			
	Grund-studium V + Ü	Haupt-studium V + Ü	Vertiefungs-studium* V + Ü	Grund-studium		Haupt-studium	
				Schein Beleg	Prüf-ung	Schein Beleg	Prüf-ung
Mathematik / Trigonometrie	11				2		
Geometrie	3			x	1		
Math. Stat./ Fehlerlehre/ Ausgleichsrechnung	10		3		2		1
Grundlagen der Informatik	15	3	9	x	1		1/x
Physik, Optik, Elektronik	5				1		
Geologie, Ökologie, Geomorphologie		3					1
Vermessungskunde/ Instrumentenkunde/ Geodät. Berechnungen	32	8		x	3	x	1
Ingenieurgeodäsie		5	3				1/x
Recht/ Verwaltungs-grundlagen		3					1
Photogrammetrie		7	3			x	1/x
Fernerkundung/ Digi-tale Bildverarbeitung	2	2	3	x			1/x
Topographie/ Karto-graphie/ Kartennetze		4				x	1
Geoinformationssysteme		6	3			x	1/x
Höhere Geodäsie/ Landesvermessung		4					1
Satellitengeodäsie/ Astronomie			3				x
Ingenieurbau/ Wasser-bau/ Bauwesen		7	3				2/x

Lehrfach	Studienabschnitt			Prüfungsleistungen			
	Grund-studium V + Ü	Haupt-studium V + Ü	Vertiefungs-studium* V + Ü	Grund-studium		Haupt-studium	
				Schein Beleg	Prüf-ung	Schein Beleg	Prüf-ung
Siedlungswesen/ Landesplanung		4	3			x	x
Management/ Führungs- u. Bewerbungstraining		3	3/3				1/x
Kataster/ Liegen-schaftswesen		5					1
Neuordnung des ländlichen Raumes		5	3			x	1/x
Grundstücksbewertung		2	3/3				1/x
Geodätisches Seminar			3			x	
Hauptvermessungs-übung/ Projekte		6				x	
Englisch	2			x	1		
Facility Management			3				x
Allgemeinwissenschaft-liche Wahlpflichtfächer	4			x	x		
Praxisbegleitende LV		6				x	
Anleitung zum wissen-schaftlichen Arbeiten		2					
Studienarbeiten	in mehreren Fächern						
Dauer der Diplomarbeit	5 Monate **						

Hinweise und Anmerkungen

Vorpraktikum: Erforderlicher Umfang: 12 Wochen bis zum 5. Semester, davon 4 Wochen vor Studienbeginn

Erläuterungen zum Vertiefungsstudium: Eingeschränkte Fächerwahl; jeder Studierende hat 3 Lehrgebiete zu je 3 Semesterwochenstunden nach den Vorgaben mindestens zu belegen. = *

** Der Abgabetermin der Diplomarbeit liegt 9 Monate nach der Bestellung der Aufgabensteller, wenn die Diplomarbeit spätestens 1 Monat nach Beginn des achten Semesters ausgegeben wird, im übrigen 5 Monate nach diesen Termin.

Studiengang Kartographie und Mediengestaltung

Übersicht über die Lehrfächer und Prüfungen
gemäß der Studien- und Prüfungsordnung vom: 15. 11. 1999

Lehrfach	Studienabschnitt			Prüfungsleistungen			
	Grund-studium V + Ü	Haupt-studium V + Ü	Vertiefungs-studium* V + Ü	Grund-studium		Haupt-studium	
				Schein Beleg	Prüf-ung	Schein Beleg	Prüf-ung
Mathematik / Trigonometrie	6				2		
Geometrie	4			x	1		
Mathematische Statistik	2				1		
Grundlagen der Informatik	15	4		x	2		1
Physik, Optik, Elektronik	3				1		
Geographie	6	6			1		1
Vermessungskunde und Topographie	7			x	1		
Englisch	4				1		
Recht		2					1
Photogrammetrie		7					1
Fernerkundung/ Bild-interpretation		5					1
Allg. Kartenkunde/ Kartennetze	6	3			1		1
Geoinformationssysteme		6				x	1
Praktische Kartographie/	16			x	1		
Medientechnik	11	10		x	1	x	1
Grafikdesign	4			x			
Themat. Kartographie		7				x	1
Angewand. Kartographie		8				x	
Technol. u. Kalkulation		2					1
Qualitätsmanagement		2					1
Techn. Umweltschutz		2					1
Kosten- und Leistungs-rechnung		2					1

Lehrfach	Studienabschnitt			Prüfungsleistungen			
	Grund-studium V + Ü	Haupt-studium V + Ü	Vertiefungs-studium* V + Ü	Grund-studium		Haupt-studium	
				Schein Beleg	Prüf-ung	Schein Beleg	Prüf-ung
Fachbezogene Wahl-pflichtfächer (Seminar)			6			x	
Management/ Führungs- u. Bewerbungstraining		3	3/3				1/x
Allgemeinwissenschaft-liche Wahlpflichtfächer	2	4		x		x	
Praxisbegleitende LV		6				x	
Studienarbeiten	in mehreren Fächern						
Dauer der Diplomarbeit	5 Monate **						

Hinweise und Anmerkungen

Vorpraktikum: Erforderlicher Umfang: 16 Wochen bis zum 5. Semester, davon 6 Wochen vor Studienbeginn

** Der Abgabetermin der Diplomarbeit liegt 9 Monate nach der Bestellung der Aufgabensteller, wenn die Diplomarbeit spätestens 1 Monat nach Beginn des achten Semesters ausgegeben wird, im übrigen 5 Monate nach diesen Termin.

Studien- und Prüfungsordnung für den Diplom-Studiengang Vermessung und Geoinformation an der Fachhochschule München

Auszüge

Aufgrund von Artikel 6 Abs. 1, 72 Abs. 1, 81 Abs. 1 und 84 Abs. 2 Satz 3 des Bayerischen Hochschulgesetzes (BayHSchG) erlässt die Fachhochschule München folgende Satzung. Alle Personen- und Funktionsbezeichnungen in dieser Satzung gelten unabhängig von der jeweiligen geschlechtsbezogenen Form für Männer und Frauen in gleicher Weise.

§ 1 Zweck der Studien- und Prüfungsordnung

Diese Studien- und Prüfungsordnung regelt Inhalt und Aufbau des Studiums und dient der Ausfüllung und Ergänzung der Rahmenprüfungsordnung für die Fachhochschulen in Bayern vom 18. September 1997 (BayRS 2210-4-1-4-1-K), der Verordnung über die praktischen Studiensemester an Fachhochschulen in Bayern vom 3. Dezember 1980 (BayRS 2210-4-1-6-1-K) und der Allgemeinen Prüfungsordnung der Fachhochschule München vom 27. Juni 1995 (KWMBI II S. 822) in der jeweils gültigen Fassung.

§ 2 Allgemeines Studienziel

Ziel des Studiums ist es, einen Diplomingenieur für Vermessung und Geoinformation auszubilden, der durch Anwendung wissenschaftlicher Methoden in der Berufspraxis befähigt ist, Objekte und Strukturen unseres Lebens- und Wirtschaftsraumes zu erfassen, zu verwalten, zu gestalten, zu entwickeln und nachhaltig zu sichern durch:

- Erfassung und Auswertung von raumbezogenen Daten (Geobasisdaten und Geofachdaten) mit terrestrischen, flugzeug- und satellitengestützten Verfahren,
- Dokumentation und Verwaltung von Geodaten mit Hilfe raumbezogener Informationssysteme und Führung von Mehrzweckkatastern,
- Entwicklung, Aufbau und Pflege von raumbezogenen Informationssystemen,
- Visualisierung von Geoinformationen als Grundlage weiterführender Entscheidungsprozesse,
- Überwachung und Steuerung von Umwelt- und Industrieprozessen im Rahmen ingenieurtechnischer Projekte,
- Landmanagement, Landnutzungsplanung und Landentwicklung, insbesondere durch Bodenwertermittlung und Bodenordnungsverfahren.

Das Studium bereitet den Diplomingenieur vor für die Tätigkeit bei Behörden (Landesvermessungsämter, staatliche und kommunale Vermessungs- und Baubehörden, Behörden für Ländliche Entwicklung) und in der freien Wirtschaft (Planungs- und Ingenieurbüros, Verkehrs- und Versorgungsunternehmen sowie Bau- und Softwarefirmen).

§ 3 Aufbau des Studiums

Das Grundstudium umfaßt drei theoretische Studiensemester. Das Hauptstudium umfaßt vier theoretische und ein praktisches Studiensemester, das als 6. Studiensemester geführt wird. Letzteres wird ergänzt durch eine vierwöchige Vorpraxis und Zwischenpraktika von insgesamt 8 Wochen Dauer, die spätestens zu Beginn des 5. Studiensemesters erbracht sein müssen.

§ 4 Fächer und Leistungsnachweise

(2) Die Teilnahme an den Übungen in den Fächern Vermessungskunde und Geodätische Instrumente sowie an den Projekten und Hauptvermessungsübungen wird aufgrund von Art. 73 Abs. 5 BayHSchG vom Nachweis einer entsprechenden Haftpflichtversicherung abhängig gemacht.

(3) Die Fächer sind entweder Pflichtfächer, Wahlpflichtfächer oder Wahlfächer:
1. Pflichtfächer sind die Fächer, die für alle Studenten des Studiengangs verbindlich sind.
2. Wahlpflichtfächer sind die Fächer, die einzeln oder in Gruppen alternativ angeboten werden. Jeder Student muß unter ihnen nach Maßgabe dieser Studien- und Prüfungsordnung eine Auswahl treffen. Die gewählten Fächer werden wie Pflichtfächer behandelt.
3. Wahlfächer sind Fächer, die für das Erreichen des Studienziels nicht verbindlich vorgeschrieben sind. Sie können aus dem Studienangebot zusätzlich gewählt werden.

§ 5 Studienplan

(1) Der Fachbereich erstellt zur Sicherstellung des Lehrangebots einen Studienplan, der nicht Teil dieser Studien- und Prüfungsordnung ist. Er wird vom Fachbereichsrat beschlossen und ist hochschulöffentlich bekanntzumachen. Der Studienplan soll insbesondere Regelungen und Angaben enthalten über:
1. die Studienziele und Studieninhalte der Studienfächer,
2. die zeitliche Aufteilung der Wochenstunden je Fach und Semester,
3. die Form und Organisation der praxisbegleitenden Lehrveranstaltungen und der Projekte,
4. die Ableistung der Vor- und Zwischenpraktika und des praktischen Studiensemesters,
5. die Wahlmöglichkeiten bei den fachwissenschaftlichen Wahlpflichtfächern,
6. Alternativangebote von fremdsprachlichen Lehrveranstaltungen,
7. studienbegleitende Leistungsnachweise und Teilnahmenachweise,
8. die Dauer der Prüfungen.

(2) Die fachwissenschaftlichen Wahlpflichtfächer werden zu Fächergruppen zusammengefasst, und können durch den Fachbereich der technologischen Entwicklung angepasst werden.

(3) Ein Anspruch darauf, dass sämtliche vorgesehenen Wahlpflichtfächer tatsächlich angeboten werden, besteht nicht. Vergleichbare Studienleistungen bei anderen Studiengängen der Fachhochschule München können als Wahlpflichtfächer anerkannt werden.

§ 6 Eintritt in das Hauptstudium und das praktische Studiensemester

(1) Zum Eintritt in das Hauptstudium ist nur berechtigt, wer die Diplom-Vorprüfung bestanden oder in den Fächern Nr. 1 - 13 des Grundstudiums mindestens zehnmal die Endnote „ausreichend“ oder besser erzielt hat.

(2) Der Eintritt in das praktische Studiensemester setzt die bestandene Diplom-Vorprüfung sowie die erfolgreich abgeleisteten Vor- und Zwischenpraktika voraus.

§ 7 Vor- und Zwischenpraktika, praktisches Studiensemester

(1) Für die Nachholung von Ausfallzeiten bei den Vor- und Zwischenpraktika finden die Regelungen der Allgemeinen Prüfungsordnung der Fachhochschule München in der jeweils geltenden Fassung entsprechende Anwendung.

(3) Die erfolgreiche Ableistung des praktischen Studiensemesters ist Voraussetzung für das Bestehen der Diplomprüfung.

§ 8 Allgemeinwissenschaftliche Wahlpflichtfächer

Für die Auswahl der Allgemeinwissenschaftlichen Wahlpflichtfächer ist der von der Fachhochschule München für alle Studiengänge erlassene Gesamtkatalog verbindlich. sind. Es muß mindestens eine Fremdsprache gewählt werden.

§ 10 Diplomarbeit

In der Regel ist die Diplomarbeit in zwei Exemplaren abzugeben. Der Abgabetermin wird jeweils von der Prüfungskommission bestimmt.

§ 11 Bewertung von Prüfungsleistungen und Prüfungsgesamtnote

(1) Für die Bewertung der einzelnen Prüfungen und der endnotenbildenden studienbegleitenden Leistungsnachweise werden gemäß § 18 Abs. 2 Satz 2 RaPO nur ganze Noten verwendet.

(3) Für die Berechnung der Prüfungsgesamtnote erhält die Diplomarbeit das Gewicht 3.

§ 12 Prüfungszeugnisse

Über die bestandene Diplom-Vorprüfung bzw. Diplomprüfung werden Zeugnisse gemäß den Mustern der Anlage 2 ausgestellt

§ 13 In-Kraft-Treten

(1) Diese Studien- und Prüfungsordnung tritt am 1. August 2000 in Kraft und gilt für Studenten des Studiengangs Vermessung und Geoinformation, die ihr Studium ab dem Wintersemester 2000/2001 aufnehmen.

Wesentliche Änderungen der Studien- und Prüfungsordnung für den Diplom-Studiengang *Kartographie und Mediengestaltung* an der Fachhochschule München

§ 2 Allgemeines Studienziel

Ziel des Studiums ist es, einen Diplomingenieur für Kartographie und Mediengestaltung auszubilden.

§ 3 Aufbau des Studiums

Das Grundstudium umfaßt drei theoretische Studiensemester. Das Hauptstudium umfaßt vier theoretische und ein praktisches Studiensemester, das als **5.** Studiensemester geführt wird. Letzteres wird ergänzt durch eine **sechswöchige** Vorpraxis und Zwischenpraktika von insgesamt **10** Wochen Dauer, die spätestens zu Beginn des 5. Studiensemesters erbracht sein müssen.

Fachhochschule Neubrandenburg
University of Applied Sciences

Studiengang	**Vermessungswesen**	
Fachbereich:	**Bauingenieur- und Vermessungswesen**	
Dekan:	Prof. Dr.-Ing. W. Heilmann (Bauingenieurwesen)	
Prodekan:	Prof. Dr.-Ing. H.-J. Larisch (Vermessungswesen)	
Anschrift:	Brodaer Str. 2 **17033 Neubrandenburg**	Postfach 110121 **17041 Neubrandenburg**
Telefon:	03 95/ 5 69 33 01	
Fax:	03 95/ 5 69 33 99	
E-Mail:	heilmann@fh-nb.de	
homepage:	http://www.fh-nb.de	

Summe der Professoren auf Planstellen	10
Summe der Laboringenieure auf Planstellen	1
Summe der Technischen Mitarbeiter auf Planstellen	2

Studenten:	**1996**	**1997**	**1998**	**1999**
Studienanfänger:	47	70	50	66
Absolventen:	--	14	28	12
Regelstudienzeit:	8 Semester			
davon Praxissemester:	1 Semester			
Vorpraktikum:	3 Monate			

Labore

1.	Name des Labors:	Navigationslabor
	Leitung:	Frau Prof. Dr.-Ing. (CDN) E. Knickmeyer
2.	Name des Labors:	Labor für Instrumentenprüfung und –kalibrierung
	Leitung:	Herr Prof. Dr.-Ing. W. Heger
3.	Name des Labors:	Photogrammetrielabor
	Leitung:	Herr Prof. Dr.-Ing. W. Kresse

4.	Name des Labors:	Labor für Planungs- und Liegenschaftswesen
	Leitung:	Herr Prof. Dr.-Ing. F. Wilke
5.	Name des Labors:	Labor für Physik und Sensorik
	Leitung:	Her Prof. Dr. W. Melle
6.	Name des Labors:	EDV-Labor
	Leitung:	Herr Prof. Dr.-Ing. A. Zimmermann
7.	Name des Labors:	Labor für Geoinformationssysteme
	Leitung:	Herr Prof. Dr.-Ing. E. Heil
8.	Name des Labors:	Labor für Ingenieurvermessung
	Leitung:	Herr Prof. Dr.-Ing. H.-J. Larisch

Studiengang Vermessungswesen

Übersicht über die Lehrfächer und Prüfungen
gemäß der Studien- und Prüfungsordnung vom: 11. Dezember 1998

Lehrfach	Studienabschnitt			Prüfungsleistungen			
	Grund-studium V + Ü	Haupt-studium V + Ü	Vertiefungs-studium V + Ü	Grund-studium		Haupt-studium	
				Schein Beleg	Prüf-ung	Schein Beleg	Prüf-ung
Mathematik	9+9				x		
Geometrie	1+1				x		
Math. Stat./ Fehlerlehre/ Ausgleichsrechnung	3+3	1			x		x
Grundl. der Informatik	2+2P	2+4P			x		x
Physik, Optik, Elektronik	4+4P		1+1P		x		
Vermessungskunde/ Instrumentenkunde	18 + 13P				x		
Ingenieurgeodäsie		4+6P	2				x
Recht/ Verwaltungs-grundlagen	5	2			x		
Betriebswirtschaft		2					x
Photogrammetrie	2+2P	1+2P	1+1P		x		x

Lehrfach	Studienabschnitt			Prüfungsleistungen			
	Grund-studium V + Ü	Haupt-studium V + Ü	Vertiefungs-studium V + Ü	Grund-studium		Haupt-studium	
				Schein Beleg	Prüf-ung	Schein Beleg	Prüf-ung
Topographie/ Karto-graphie/ Kartennetze		2+1	1				x
Fernerkundung/ Digitale Bildverarbeitung		2+1	1		x		x
Geoinformationssysteme		1+2	1+2P				x
Höhere Geodäsie/ Landesvermessung	2+3P	2+5P			x		x
Satellitengeodäsie/ Astronomie		2+1P	1+1				x
Ingenieurbau/Wasserbau/ Bauwesen	1	6	1		x		x
Kataster/ Liegen-schaftswesen		4+3	2				x
Neuordnung des ländlichen Raumes		2	1				x
Grundstücksbewertung		1	1+1				x
Seminare	1	3	10				
Hauptvermessungs-übung/ Exkursionen		1 Wo-che	1 Exkurs.				
Dauer der Diplomarbeit	3 Monate						

Hinweise und Anmerkungen

1. **Vorpraktikum:** Erforderlicher Umfang: 13 Wochen bis zum Ende des 3. Semesters.

Vorläufige Studienordnung für den Studiengang Vermessungswesen

Stand: September 1993

Auszüge

Maskuline Personenbezeichnungen in dieser Ordnung gelten ebenso für Personen weiblichen Geschlechts.

Inhaltsverzeichnis

I Allgemeiner Teil

§ 1 Geltungsbereich

Diese Studienordnung gilt für alle Studienangelegenheiten des Studiengangs Vermessungswesen an der Fachhochschule Neubrandenburg, sofern sie nicht in der Prüfungsordnung geregelt sind.

II Studium

§ 4 Beginn und Dauer

(1) Das Studium beginnt jeweils mit dem Wintersemester.

(2) Die Regelstudienzeit beträgt acht Semester; Regelungen dazu enthält § 7.

§ 5 Gliederung

(1) Der zeitliche Ablauf des Studiums gliedert sich in
- das dreisemestrige Grundstudium, das mit der Diplomvorprüfung abschließt,
- das viersemestrige Hauptstudium, das mit den Prüfungen des Hauptstudiums abschließt und
- das nachfolgende Anfertigen der Diplomarbeit und das Kolloquium.

(2) Inhaltlich gliedert sich das Studium in
- Pflichtstudien, die jeder Student durchlaufen muß, und
- Wahlpflichtstudien, die dem Studenten in begrenztem Umfang eine seinen Interessen angepaßte Vertiefung seines Wissens erlauben. Die Wahlpflichtstudien bestehen für den Studenten aus einer von drei Vertiefungsrichtungen.

§ 6 Praktikum

(3) Das Vorpraktikum in einem Umfang von 13 Wochen soll die Bereiche vermessungstechnisches Zeichnen, Kartieren, Rechnen und örtlicher Vermessungsdienst umfassen.

§ 7 Praxissemester

(1) Nach Bestehen aller Prüfungen des Hauptstudiums und vor der Diplomarbeit hat jeder Student ein Praxissemester von 20 Wochen Dauer abzuleisten. Es soll der Anwendung des im Studium erworbenen Wissens in der Praxis dienen und ihn an die beruflichen Tätigkeiten eines Vermessungsingenieurs heranführen. Dafür kommen alle Vermessungsstellen in Frage, bei denen der Student an entsprechenden Aufgaben praktisch mitarbeiten kann.

§ 8 Studienplan

(3) Es werden fünf Arten von Lehrveranstaltungen angeboten:
Vorlesungen, Übungen, Praktika, Seminare, Exkursionen.

(5) Spätestens zum Ende des Vorlesungszeitraumes des 4. Studiensemesters hat sich jeder Student zu entscheiden, in welcher der drei Vertiefungsrichtungen er weiterstudieren will. Ein Anspruch auf Zuweisung zur gewünschten Vertiefungsrichtung besteht nicht.

(6) Die wählbaren Lehrveranstaltungen der Wahlpflichtstudien sind aus den Listen der Anlage 4 auszuwählen und spätestens mit der Vertiefungsrichtung anzugeben. Sie können jedoch schon im 4. Studiensemester belegt werden, wenn die Diplomvorprüfung bestanden wurde.

Diplomprüfungsordnung der Fachhochschule Neubrandenburg für den Studiengang Vermessungswesen

Vom 11. Dezember 1998

Auszüge

Maskuline Personenbezeichnungen in dieser Ordnung gelten ebenso für Personen weiblichen Geschlechts.

Aufgrund von § 2 Abs. 1 in Verbindung mit § 16 Abs. 1 des Gesetzes über die Hochschulen des Landes Mecklenburg-Vorpommern (Landeshochschulgesetz - LHG) vom 9. Februar 1994 (GVOBl. M-V S. 293) hat die Fachhochschule Neubrandenburg die folgende Diplomprüfungsordnung für den Studiengang Vermessungswesen als Satzung erlassen:

Inhaltsverzeichnis

1. Abschnitt: Allgemeines

§1 Regelstudienzeit, Studienaufbau und Stundenumfang

(1) Die Regelstudienzeit beträgt acht Semester. Sie umfaßt die theoretischen Stu-

diensemester, ein praktisches Studiensemester sowie die Prüfungen einschließlich der Diplomarbeit.

(2) Das Studium gliedert sich in das Grundstudium, das nach drei theoretischen Semestern mit der Diplomvorprüfung abschließt, und das Hauptstudium, das mit der Diplomprüfung abschließt.

(3) Das achte Fachsemester dient dem Ablegen abschließender Fachprüfungen, der Anfertigung der Diplomarbeit sowie der Durchführung des Kolloquiums; daneben können Lehrveranstaltungen im Umfang von bis zu zehn Semesterwochenstunden angeboten werden.

(4) Der zeitliche Gesamtumfang der für den erfolgreichen Abschluß des Studiums erforderlichen Lehrveranstaltungen im Pflicht- und Wahlpflichtbereich beträgt 180 Semesterwochenstunden. Davon entfallen 85 Semesterwochenstunden auf das Grundstudium und 95 Semesterwochenstunden auf das Hauptstudium.

§2 Praktisches Studiensemester, Vorpraxis

(1) Ein praktisches Studiensemester ist ein in das Studium integrierter, von der Fachhochschule geregelter, inhaltlich bestimmter, betreuter und mit Lehrveranstaltungen begleiteter Ausbildungsabschnitt, der in der Regel in einer Einrichtung der Berufspraxis mit einem Umfang von mindestens 20 Wochen abgeleistet wird. Das praktische Studiensemester wird im siebenten Fachsemester abgeleistet. Im Rahmen des praktischen Studiensemesters werden Lehrveranstaltungen im Umfang von vier Semesterwochenstunden angeboten.

(3) Zusätzlich ist eine berufspraktische Tätigkeit (Vorpraxis) im Umfang von 13 Wochen erfolgreich abzuleisten. Davon müssen mindestens acht Wochen vor Aufnahme den Studiums erbracht sein. Eine einschlägige berufspraktische Tätigkeit oder Ausbildung wird angerechnet.

§3 Prüfungsaufbau

(1) Die Diplomvorprüfung besteht aus Fachprüfungen, die Diplomprüfung aus Fachprüfungen und der Diplomarbeit, ergänzt um ein Kolloquium.

(2) Fachprüfungen setzen sich aus Prüfungsleistungen zusammen. In einer Fachprüfung sollen in der Regel nicht mehr als drei Prüfungsleistungen erbracht werden; sie kann auch aus nur einer Prüfungsleistung bestehen.

(4) Fachprüfungen werden studienbegleitend abgenommen. Abschließende Fachprüfungen der Diplomprüfung werden im achten Fachsemester als Blockprüfung abgelegt.

§4 Prüfungstermine und Meldefristen

(1) Die Diplomvorprüfung soll bis zum Ende des dritten und die Diplomprüfung bis zum Ende des achten Fachsemesters abgelegt werden.

(2) Die Fachprüfungen der Diplomvorprüfung und der Diplomprüfung werden grundsätzlich in jedem Semester in den vier letzten Wochen der Vorlesungszeit (Prüfungszeitraum) abgelegt. Das achte Semester gilt insgesamt als Prüfungszeitraum.

§5 Allgemeine Zulassungsvoraussetzungen

(1) Fachprüfungen der Diplomvor- und Diplomprüfung kann nur ablegen, wer
1. an der Fachhochschule Neubrandenburg eingeschrieben ist,
2. eine vorgeschriebene Vorpraxis (§ 2 Abs. 3) abgeleistet hat und
3. die Prüfungsvorleistungen für die jeweiligen Fachprüfungen (§§ 19 und 23) erbracht hat.

§6 Arten der Prüfungsleistungen

(1) Prüfungsleistungen können unter Beachtung der Anlagen 1 und 2
1. mündlich (§ 7) und/oder
2. schriftlich durch Klausurarbeiten und sonstige schriftliche Arbeiten (§ 8) erbracht werden.

§7 Mündliche Prüfungsleistungen

(3) Die Dauer einer mündlichen Prüfung beträgt je Kandidat zwischen 20 und 45 Minuten.

§9 Bewertung der Prüfungsleistungen und Bildung der Noten

(2) Besteht eine Fachprüfung aus mehreren Prüfungsleistungen, errechnet sich die Fachnote aus dem gewogenen arithmetischen Mittel der Noten der einzelnen Prüfungsleistungen nach Maßgabe der Anlagen 1 und 2. Dabei wird nur die erste Dezimalstelle hinter dem Komma berücksichtigt; alle weiteren Stellen werden ohne Rundung gestrichen.

(3) Die Gesamtnote der Diplomvorprüfung ist das gewogene arithmetische Mittel der Noten aller Fachprüfungen der Diplomvorprüfung.

Die Gesamtnote der Diplomprüfung setzt sich anteilig zusammen als gewogenes arithmetisches Mittel aus:
1. der Note der Diplomarbeit einschließlich des Kolloquiums (30%),
2. dem gewogenen arithmetischen Mittel der Fachnoten der Diplomprüfung (70%).

§ 11 Bestehen und Nichtbestehen

(1) Eine Fachprüfung ist bestanden, wenn die Fachnote mindestens "ausreichend" (4,0) ist. Besteht eine Fachprüfung aus mehreren Prüfungsleistungen, so gilt sie nur dann als bestanden, wenn jede Prüfungsleistung mit mindestens "ausreichend" (4,0) bewertet wurde.

(2) Die Diplomvorprüfung ist bestanden, wenn sämtliche Fachprüfungen der Diplomvorprüfung bestanden sind. Die Diplomprüfung ist bestanden, wenn das praktische Studiensemester erfolgreich abgeschlossen ist, sämtliche Fachprüfungen der Diplomprüfung bestanden und die Diplomarbeit einschließlich des Kolloquiums mindestens mit "ausreichend" (4,0) bewertet wurden.

§ 12 Freiversuch

(1) Hat ein Kandidat nach ununterbrochenem Studium die gesamte Diplomvorprüfung innerhalb der Regeldauer des Grundstudiums oder die gesamte Diplomprüfung innerhalb der Regelstudienzeit erstmals vollständig abgelegt, so gilt die Diplomvorprüfung oder die Diplomprüfung in den Prüfungsleistungen,in denen sie nicht bestanden wurde, als nicht unternommen (Freiversuch).

(2) Bis zu drei innerhalb der Regelstudienzeit bestandene Prüfungsleistungen der insgesamt bestandenen Diplomprüfung können auf Antrag des Kandidaten zur

Verbesserung der Note im nächstmöglichen Prüfungstermin einmal wiederholt werden; dabei zählt das jeweils bessere Ergebnis.
Die Anerkennung des Freiversuchs führt dazu, daß sich die Zahl der Versuche einer nicht bestandenen Prüfungsleistung erhöht.

§ 13 Wiederholung der Fachprüfungen

(1) Eine nicht bestandene Fachprüfung beziehungsweise Prüfungsleistung kann einmal wiederholt werden. Die Wiederholung einer bestandenen Fachprüfung ist außer im Falle von § 12 Abs. 2 nicht zulässig. Fehlversuche an anderen Fachhochschulen in der Bundesrepublik Deutschland sind anzurechnen.

(2) Die Zulassung zu einer zweiten Wiederholung einer nichtbestandenen Prüfungsleistung ist auf Ausnahmefälle zu begrenzen, für die folgende drei Bedingungen gelten;
1. Es liegt ein formloser Antrag des Kandidaten an den Prüfungsausschuß vor.
2. Der Kandidat hat höchstens zwei Fachprüfungen der Diplomvorprüfung beziehungsweise der Diplomprüfung nicht bestanden.
3. Das arithmetische Mittel aller bis dahin abgelegten Prüfungsleistungen der Diplomvorprüfung beziehungsweise der Diplomprüfung ist nicht schlechter als 2,5.

Eine zweite Wiederholungsprüfung kann nur in höchstens zwei Fachprüfungen der Diplomvorprüfung beziehungsweise der Diplomprüfung gewährt werden.

§ 14 Anrechnung von Studienzeiten, Studienleistungen und Prüfungsleistungen

(1) Studienzeiten, Studienleistungen und Prüfungsleistungen werden ohne Gleichwertigkeitsprüfung angerechnet, wenn sie an einer Fachhochschule in der Bundesrepublik Deutschland im Studiengang Vermessungswesen erbracht wurden. Bei derselben Anzahl von theoretischen Studiensemestern im Grundstudium wird die Diplomvorprüfung ohne Gleichwertigkeitsprüfung anerkannt. Soweit die Diplomvorprüfung Fächer nicht enthält, die an der Fachhochschule Neubrandenburg Gegenstand der Diplomvorprüfung, nicht aber der Diplomprüfung sind, ist eine Anerkennung mit Auflagen möglich.

(2) Studienzeiten, Studienleistungen und Prüfungsleistungen in Studiengängen, die nicht unter Absatz 1 fallen, werden angerechnet, soweit die Gleichwertigkeit gegeben ist.

2. Abschnitt: Diplomvorprüfung

§ 18 Zweck und Durchführung der Diplomvorprüfung

(2) Die Diplomvorprüfung wird in der Regel studienbegleitend (§ 3 Abs. 4) im Anschluß an die jeweiligen Lehrveranstaltungen des Grundstudiums durchgeführt.

3. Abschnitt: Diplomprüfung

§ 22 Zweck und Durchführung der Diplomprüfung

(2) Die Fachprüfungen der Diplomprüfung werden studienbegleitend im Anschluß an die jeweiligen Lehrveranstaltungen des Hauptstudiums durchgeführt, abschließende Fachprüfungen werden im achten Fachsemester als Blockprüfung abgelegt. Die Diplomprüfung wird mit der Diplomarbeit und dem dazugehörigen Kolloquium abgeschlossen.

§ 24 Art und Umfang der Diplomprüfung

(1) Die Diplomprüfung besteht aus den in der Anlage 2 aufgeführten Fachprüfungen einschließlich der Fachprüfungen in einer der nachfolgend aufgeführten Vertiefungsrichtungen:

1. Liegenschafts- und Planungswesen,
2. Ingenieurvermessung,
3. Geoinformationswesen.

Die Diplomprüfung umfaßt ferner die Diplomarbeit (§ 25) mit einer Bearbeitungszeit von drei Monaten und das dazugehörige Kolloquium.

(2) Aus den angebotenen Wahlpflichtfächern gemäß Anlagen 3 und 4 ist jeweils ein Fach als Fachprüfung für die Diplomprüfung auszuwählen.

§ 25 Diplomarbeit und Kolloquium

(3) Von der Möglichkeit der Rückgabe eines Diplomarbeitsthemas kann der Kandidat insgesamt nur einmal und nur innerhalb der ersten zwei Monate nach Ausgabe des Themas Gebrauch machen. Wenn ein Kandidat, der alle Fachprüfungen der Diplomprüfung bestanden hat, nicht innerhalb von vier Wochen nach Bestehen der letzten Fachprüfung die Anfertigung der Diplomarbeit beantragt, wird ihm vom Prüfungsausschuß ein Diplomarbeitsthema zugewiesen.

(5) Die Bearbeitungszeit für die Diplomarbeit beträgt drei Monate. In begründeten Fällen kann auf Antrag die Bearbeitungszeit um höchstens einen Monat verlängert werden.

(8) Ist die Diplomarbeit mit mindestens "ausreichend" bewertet, soll innerhalb weiterer zwei Wochen über die vorgelegte Arbeit ein Kolloquium stattfinden. Die Dauer des Kolloquiums soll etwa 30 Minuten betragen. Die Note des Kolloquiums ergibt sich unter entsprechender Anwendung von § 4 Abs. 1 aus dem arithmetischen Mittel der Einzelbewertungen. Die Note der Diplomarbeit und die Note des Kolloquiums bilden im Verhältnis 3:1 die Gesamtnote der Diplomarbeit. Wird das Kolloquium mit "nicht ausreichend" (5,0) bewertet, führt das zu einer insgesamt mit "nicht ausreichend" (5,0) bewerteten Diplomarbeit. In diesem Fall sind die Diplomarbeit mit einem neuen Thema und das Kolloquium zu wiederholen.

§ 28 Diplomgrad und Diplomurkunde

(1) Ist die Diplomprüfung bestanden, wird der Diplomgrad "Diplom-Ingenieurin (Fachhochschule)" beziehungsweise "Diplom-Ingenieur (Fachhochschule)", jeweils abgekürzt "Dipl.-Ing. (FH)" verliehen.

4. Abschnitt: Schlußbestimmungen

§ 32 Inkrafttreten

Diese Prüfungsordnung tritt am Tage nach ihrer Veröffentlichung ins Mitteilungsblatt des Ministeriums für Bildung, Wissenschaft und Kultur Mecklenburg-Vorpommern in Kraft.

Ausgefertigt aufgrund des Beschlusses des Senats der Fachhochschule Neubrandenburg vom 1. Dezember 1998 sowie der Genehmigung des Ministeriums für Bildung, Wissenschaft und Kultur Mecklenburg-Vorpommern vom 10. Dezember 1998.

Neubrandenburg, den 11. Dezember 1998

Der Rektor
der Fachhochschule Neubrandenburg

Professor Dr. Northoff

Anlage 3 Liste der spezifischen Wahlpflichtfächer gemäß § 24

1 Sensorik
2. Angewandte Methoden der kinematischen Vermessung
3. Verkehrsmanagement
4. Digitale kartographische Verfahren
5. Ausgewählte Kapitel aus der Ingenieurvermessung
6. Geophysik
7. Besonderes Städtebaurecht
8. Strategisches GIS-Management

Anlage 4 Liste der allgemeinen Wahlpflichtfächer gemäß § 24

1. Management
2. Vortragstechnik
3. Anleitung zum wissenschaftlichen Arbeiten
4. Technisches Englisch für Fortgeschrittene
5. Numerische Mathematik

Fachhochschule Oldenburg/
Ostfriesland/Wilhelmshaven

Studiengänge	**Vermessungswesen, Geoinformationswesen**
Fachbereich:	**Vermessungswesen**
Dekan:	Prof. Dr.-Ing. Manfred Weisensee
Prodekan:	Prof. Dr.-Ing. Hero Weber
Studienberatung:	Dr. Heike Tendler
Anschrift:	Ofener Straße 16/19 **26121 Oldenburg**
Telefon:	04 41/ 7 70 82 07
Fax:	04 41/ 7 70 81 39
E-Mail:	weisensee@fh-oldenburg.de
homepage:	http://www.fh-oldenburg.de/v_info.htm

Summe der Professoren auf Planstellen	16
Summe der Lehrbeauftragten (Studium)	5
Summe der Laboringenieure auf Planstellen	3
Summe der Technischen Mitarbeiter auf Planstellen	3

Studiengang Vermessungswesen

Studenten:	**1996**	**1997**	**1998**	**1999**
Studienanfänger:	81	65	60	40
Absolventen:	60	61	29	28
Studiendauer (Durchschnitt):	9,4 Semester			
Regelstudienzeit:	8 Semester			
davon Praxissemester:	2 Semester			
Vorpraktikum:	6 Monate bis zum 3. Semester			

Studiengang Geoinformationswesen

Studenten:	**1996**	**1997**	**1998**	**1999**
Studienanfänger:	-	-	33	62
Absolventen:	-	-	-	-
Regelstudienzeit:	8 Semester			
davon Praxissemester:	2 Semester			
Vorpraktikum:	3 Monate bis zum 3. Semester			

Labore

1.	Name des Labors:	Labor für Photogrammetrie
	Leitung:	Prof. Dr. Th. Luhmann, Prof. U. Leuze
	Telefon:	04 41/ 77 08-1 72
2.	Name des Labors:	Labor für Kartographie
	Leitung:	Prof. Dr. M. Weisensee
	Telefon:	04 41/ 77 08-1 67
3.	Name des Labors:	Labor für Geoinformation
	Leitung:	Prof. Dr. H. Kuhn
	Telefon:	04 41/ 77 08-1 68
4.	Name des Labors:	Labor Meß- und Auswertetechnik
	Leitung:	Prof. G. Müller
	Telefon:	04 41/ 77 08-1 66
5.	Institut:	Institut für Meß- und Auswertetechnik (IMA)
	Leitung:	Prof. Dr. H. Weber
	Telefon:	04 41/ 77 08-2 47
6.	Institut:	Institut für angewandte Photogrammetrie und Geoinformatik (IAPG)
	Leitung:	Prof. Dr. Th. Luhmann
	Telefon:	04 41/ 77 08-1 72

Studiengang Vermessungswesen

Übersicht über die Lehrfächer und Prüfungen gemäß der Studien- und Prüfungsordnung vom: 19. 01. 1999 bzw. 12. 08. 1997

Lehrfach	Studienabschnitt			Prüfungsleistungen			
	Grund-studium V + Ü	Haupt-studium V + Ü	Vertiefungs-studium V + Ü	Grund-studium		Haupt-studium	
				Schein Beleg	Prüf-ung	Schein Beleg	Prüf-ung
Mathematik	16				x		
Geometrie	2			x			
Math. Stat./ Fehlerlehre/ Ausgleichsrechnung	4	9	4		x	x	x
Grundl. der Informatik	8		8	x	x		(x)
Physik, Optik, Elektronik	8				x		
Geodät. Berechnungen	10				x		
Vermessungskunde/ Instrumentenkunde	27	17		x	x		x
Ingenieurgeodäsie			5				(x)
Recht	3			x			
Photogrammetrie		8	6				x
Fernerkundung/ Digitale Bildverarbeitung			5				(x)
Kartographie		4	4				x
Geoinformationssysteme			12				(x)
Höhere Geodäsie/ Landesvermessung			5				(x)
Satellitengeodäsie/ Astronomie		4	3			x	(x)
Raumordnung/ Landesplanung	3		7	x			(x)
Kataster/ Liegen-schaftswesen		3	2				x
Neuordnung des ländlichen Raumes			8				(x)
Grundstücksbewertung		1	2			(x)	
Seminare			2			x	

Hinweise und Anmerkungen

1. **Vorpraktikum:** Erforderlicher Umfang: 6 Monate bis zum Ende des 3. Semesters.

2. **Dauer der Diplomarbeit**: 2 Monate

3. **Hinweise zum Vertiefungsstudium**:
   Die Studierenden können aus einem umfangreichen Angebot an Wahlpflichtfächern in einem Umfang von 34 Semesterwochenstunden (SWS) Fächer belegen und ihr Studium ab dem 4. Semester in erheblichem Umfang selbst gestalten. Einzelheiten zum Fächerkatalog mit den möglichen Lehrgebieten sind der Studienordnung zu entnehmen. Prüfungs- und Studienleistungen im Vertiefungsstudium fallen dann auch nur in den gewählten Lehrgebieten an. Deshalb sind diese in der obigen Tabelle jeweils eingeklammert, wobei in dieser Tabelle nur ein geringer Teil der Wahlpflichtfächer enthalten ist.

Studiengang Geoinformationswesen

Übersicht über die Lehrfächer und Prüfungen gemäß der Studien- und Prüfungsordnung vom: 7. 12. 1999 bzw. 10. 11. 1997

Lehrfach	Studienabschnitt			Prüfungsleistungen			
	Grund-studium V + Ü	Haupt-studium V + Ü	Vertiefungs-studium V + Ü	Grund-studium		Haupt-studium	
				Schein Beleg	Prüf-ung	Schein Beleg	Prüf-ung
Mathematik	16				x		
Geometrie (CAD)	2			x			
Math. Statistik	4			x			
Grundl. der Informatik	6			x			
Physik, Optik, Elektronik	6				x		
Programmieren	8		6		x		(x)
Vermessungskunde	8	4			x		x
Auswertetechnik	4	4		x			x
Recht	2			x			
Datenbanken/ Netzwerke	4	2	2	x	x	x	
Photogrammetrie		6	2			x	(x)
Fernerkundung/ Digitale Bildverarbeitung		8	2			x	x
Kartographie		6	2				x
Geoinformationssysteme		8	6			x	x
Städtebau		4	4				x
Ortungsverfahren/ GPS		4					x
Raumplanung		2	2			x	
Liegenschaftskataster und -recht		2				x	
Neuordnung des ländlichen Raumes			4				(x)
Topographische Geländeaufnahme		4					x
Präsentationstechniken		2	2			x	
Technisches Englisch		6				x	
Graph. Datenverarb.		4	2				x

Lehrfach	Studienabschnitt			Prüfungsleistungen			
	Grund-studium V + Ü	Haupt-studium V + Ü	Vertiefungs-studium V + Ü	Grund-studium		Haupt-studium	
				Schein Beleg	Prüf-ung	Schein Beleg	Prüf-ung
Projekte GIS		4	2 (4)				x
Seminare			4			x	

Hinweise und Anmerkungen

1. **Vorpraktikum:** Erforderlicher Umfang: 6 Monate bis zum Ende des 3. Semesters.

2. **Dauer der Diplomarbeit**: 2 Monate

3. **Hinweise zum Vertiefungsstudium**:
   Die Studierenden können aus einem umfangreichen Angebot an Wahlpflichtfächern in einem Umfang von 34 SWS Fächer belegen und ihr Studium ab dem 4. Semester in erheblichem Umfang selbst gestalten. Einzelheiten zum Fächerkatalog mit den möglichen Lehrgebieten sind der Studienordnung zu entnehmen. Prüfungs- und Studienleistungen im Vertiefungsstudium fallen dann auch nur in den gewählten Lehrgebieten an. Deshalb sind diese in der obigen Tabelle jeweils eingeklammert, wobei in dieser Tabelle nur ein geringer Teil der Wahlpflichtfächer enthalten ist.

Studienordnung für den Studiengang Vermessungswesen

vom 19.01.1999 mit Änderungen vom 18.05.1999

Inhaltsverzeichnis

Auszug

Maskuline Personenbezeichnungen in dieser Ordnung gelten ebenso für Personen weiblichen Geschlechts.

1 Allgemeines

Der Studiengang Vermessungswesen ist im Fachbereich Vermessungswesen der Fachhochschule Oldenburg eingerichtet. In der Prüfungsordnung (PO) für diesen Studiengang, die am 12.08.1997 genehmigt wurde, werden Zweck, Form, Umfang und Anforderungen der Prüfungen festgelegt.

2 Lehrfächer

Die Teilnahme an den Lehrveranstaltungen ist grundsätzlich freiwillig. In einigen Fächern (z. B. in allen Seminaren) sowie bei der Durchführung praktischer Übungen besteht Anwesenheitpflicht. Es gibt Pflichtfächer und Wahlpflichtfächer.

2.1 Pflichtfächer und Wahlpflichtfächer

Pflichtfächer und Wahlpflichtfächer sind Fächer gemäß der PO, die jeder Student innerhalb der Diplomvorprüfung und der Diplomprüfung für einen erfolgreichen Studienabschluß bestanden haben muß. Die Leistungsnachweise sind Prüfungsleistungen (PL) oder Studienleistungen (SL). Diese sind der Übersicht über die Lehrfächer und Prüfungen zu entnehmen.
Von den drei im Vertiefungsstudium zu belegenden Wahlpflichtfächern sind zwei als Prüfungsfächer zu wählen.

2.1.1 Stundenumfang, Lehrinhalte und Leistungsnachweise der Studienleistungen

Wahlpflichtfächer sind im Umfang von 34 Semesterwochenstunden (SWS) zu erbringen und im Rahmen der Diplomprüfung abzuleisten; sie werden abgedeckt durch:

- zwei Wahlpflichtfächer aus dem Katalog der drei Prüfungsleistungen,
- Wahlpflichtfächer (nach Katalog) und
- Wahlpflichtfächer (freie Wahl).

2.2 Wahlpflichtfächer (nach Katalog)

1a. Städtebau I	4 SWS
1b. Städtebau II	2 SWS
2a. Ländliche Neuordnung I	3 SWS
2b. Ländliche Neuordnung II	5 SWS
3. Ingenieurvermessung I+II	3+2 SWS
4. Astronomisch-geodätische Grundlagen (Zeitproblem)	3 SWS
5. Einführung in die Hydrographie	4 SWS
6. Fertigungsmeßtechnik	2 SWS
7. Geomorphologie und Boden kunde	2 SWS
8. Geschichte der Erd- und Landmessung	2 SWS
9. Instrumente des Flächenmanagements im Städtebau	3 SWS
10. Meßwerterfassung	2 SWS
11. Meßwertverarbeitung	2 SWS
12. Nahbereichsphotogrammetrie	3 SWS
13. Rechnungen und Abbildungen in der Landesvermessung	3 SWS
14. Straßenplanung	4 SWS
15. Umweltschutz	2 SWS
16. Wertermittlung mit SPSS (Ergänzung Städtebau)	2 SWS
17. Ergänzung Ausgleichungsrechnung	2 SWS
18. Ergänzung Instrumentenkunde	2 SWS
19. Ergänzung Kartographie	2 SWS
20. Ergänzung Photogrammetrie	2 SWS
21. Ergänzung Statistik	2 SWS
22. Seminar EDV	2 SWS
23. Seminar Geodäsie	2 SWS
24. Seminar Ingenieurvermessung	2 SWS
25. Seminar Kartographie	2 SWS
26. Seminar Liegenschaftskataster und –recht	2 SWS
27. Seminar Photogrammetrie	2 SWS
28. Seminar Planung	2 SWS

Zertifikat Geoinformatik (Pflicht)

29. Geoinformationssysteme	4 SWS
30. Betriebssysteme	2 SWS
31. Datenbanken	2 SWS
32. Projekt Geoinformatik	4 SWS

Zertifikat Geoinformatik

33. Fernerkundung / Luftbildinterpretation	3 SWS
34. Digitale Bildverarbeitung	2 SWS
35. ALK	2 SWS
36. Rastergraphik	2 SWS
37. Vektorgraphik	2 SWS
38. Programmieren in C	2 SWS
39. Objektorientiertes Programmieren	2 SWS
40. Software-Engineering	2 SWS
41. Graphische Standards	2 SWS

Für das Zertifikat Geoinformatik können aus dem Fächerkatalog des Studienganges Geoinformationswesen 9 weitere Fächer alternativ bzw. zusätzlich gewählt werden. Das Angebot dieser Fächer variiert von Semester zu Semester, so daß nicht in jedem Semester alle Fächer dieses Katalogs angeboten werden.

Von den Seminaren muß mindestens eines belegt werden (2 SWS); es können höchstens drei (verschiedene) auf die Pflichtstundenzahl angerechnet werden (6 SWS). Im Rahmen des Seminars ist ein Referat zu halten. Während der Seminarveranstaltungen ist Anwesenheitspflicht.

Von den Fächern für das Zertifikat Geoinformatik (Nr. 29 bis 41) werden maximal 10 SWS auf die Wahlpflichtfächer angerechnet.

Mit Genehmigung des Prüfungsausschusses können auch geeignete Fächer aus anderen Studiengängen der FH Oldenburg oder der Universität Oldenburg (im Rahmen des Nebenhörerabkommens) gewählt werden.

2.3 Wahlpflichtfächer (freie Wahl)

Als Wahlpflichtfächer (freie Wahl) können bis zu 8 SWS allgemeinbildende Fächer (Volkswirtschaftslehre, Kunstgeschichte, Sprachen) gewählt werden, davon höchstens 4 SWS Sprachenfächer.
Der Leistungsnachweis in diesen Fächern ist eine Studienleistung.

2.4 Zertifikat „Geoinformatik"

Ein Student kann das Zertifikat „Geoinformatik" erwerben, wenn er die Pflichtfächer (Nr. 29 bis 32) belegt, aus den Wahlpflichtfächern (Nr. 33 bis 41) 8 SWS nachweist und die dazu gehörigen Leistungsnachweise erbringt. Näheres regelt die Ordnung über die Vergabe dieses Zertifikats.

4 Prüfungen

4.1 Prüfungsleistungen und Studienleistungen

Studienleistungen und Prüfungsleistungen werden einmal pro Semester am Semesterende abgenommen.

5. Praxissemester und Diplomarbeit

5.1 1. Praxissemester

Die Praxissemesterordnung des Fachbereichs Vermessungswesen regelt die Durchführung und Anerkennung des 1. Praxissemesters.

Zum 1. Praxissemester wird zugelassen, wem zu Beginn des 1. Praxissemesters nicht mehr als 2 Prüfungsleistungen der Diplomvorprüfung fehlen. Die Anzahl der fehlenden Studienleistungen aus der Diplomvorprüfung ist nicht begrenzt.

5.2 2. Praxissemester und Diplomarbeit

Die Praxissemesterordnung des Fachbereichs Vermessungswesen regelt die Durchführung und Anerkennung des 2. Praxissemesters.

Das 2. Praxissemester kann wie folgt abgeleistet werden:

a) mit Bearbeitung der Diplomarbeit (Dauer 26 Wochen) oder
b) ohne Bearbeitung der Diplomarbeit (Dauer 22 Wochen = reines Praxissemester).

Zum 2. Praxissemester mit oder ohne Bearbeitung der Diplomarbeit wird zugelassen, wenn zu Beginn des 2. Praxissemesters

- die Diplomvorprüfung bestanden ist und
- das 1. Praxissemester erfolgreich abgeschlossen wurde.

5.4 Zulassung zum Kolloquium

Das Kolloquium ist die letzte Prüfung im Studiengang Vermessungswesen. Zum Kolloquium wird zugelassen, wenn

- sämtliche Prüfungs- und Studienleistungen der Diplomprüfung erbracht worden sind,
- die Diplomarbeit abgegeben worden ist,
- die Diplomarbeit von einem Prüfenden vorläufig mit mindestens „ausreichend" bewertet ist.

Studienordnung für den Studiengang Geoinformationswesen

vom 07.12.1999

nur Änderungen bzw. Unterschiede zur Studienordnung im Studiengang Vermessungswesen

Inhaltsverzeichnis

1 Allgemeines

Der Studiengang Geoinformationswesen ist im Fachbereich Vermessungswesen der Fachhochschule Oldenburg eingerichtet. In der Prüfungsordnung (PO) für diesen Studiengang, die am 10.11.1997 genehmigt wurde, werden Zweck, Form, Umfang und Anforderungen der Prüfungen festgelegt.

2.1 Pflichtfächer und Wahlpflichtfächer

Der zeitliche Gesamtumfang des Studiums beträgt 176 SWS. Davon entfallen 146 SWS auf die Pflichtfächer einschließlich des Bearbeitungsaufwandes von 12 SWS für die Anfertigung der Diplomarbeit und 30 SWS auf Lehrveranstaltungen nach Wahl des Studierenden entsprechend dem Studienplan.

2.1.1 Stundenumfang, Lehrinhalte und Leistungsnachweise der Studienleistungen

Lehrinhalte, Stundenumfang und Leistungsnachweise der (Pflicht)-Studienleistungen sind nicht in der PO geregelt, sondern vom Fachbereichsrat beschlossen worden.

Wahlpflichtfächer sind im Umfang von 30 SWS zu erbringen und im Rahmen der Diplomprüfung abzuleisten; sie werden abgedeckt durch:
- zwei Wahlpflichtfächer bzw. Wahlpflichtfachkombinationen aus dem Katalog der Prüfungsleistungen, siehe 2.1,
- Wahlpflichtfächer (nach Katalog) und
- Wahlpflichtfächer (freie Wahl).

2.2 Wahlpflichtfächer (nach Katalog)

Informatik

Programmieren (W) IV 2 SWS

Programmieren (W) V	2 SWS
Programmieren (W) VI	2 SWS
Software-Engineering	2 SWS
Graph. Datenverarbeitung (W) III	2 SWS
Kartographie (W) IV	2 SWS
Netzinformationssysteme (Ver- und Entsorgung)	2 SWS
Multimedia	2 SWS
Umweltplanung	
Umweltverträglichkeitsprüfung	6 SWS
Grundlagen der Ökologie	2 SWS
Umweltrecht	2 SWS
Neuordnung im ländlichen Raum	4 SWS
Ingenieuranwendungen	
Straßen- und Wasserbau	4 SWS
Siedlungswasserwirtschaft	2 SWS
Abfall- und Deponietechnik	2 SWS
Stadtplanung	2 SWS
Sonstige Fächer	
GIS in der öffentl. Verwaltung I	2 SWS
GIS in der öffentl. Verwaltung II	2 SWS
Photogrammetrie (W) III	2 SWS
Projektmanagement	2 SWS
Betriebswirtschaft	2 SWS
Wirtschaftsgeographie	2 SWS
Bodenkunde / Geomorphologie	2 SWS
Design	2 SWS
Projekt	
Informatik	2 SWS
Geodatenerfassung	2 SWS
Photogramm. u. Fernerkundung	2 SWS
GIS in der öffentl. Verwaltung	2 SWS
Planung	2 SWS
Umweltanwendungen	2 SWS
Seminare	
EDV	2 SWS
Photogrammetrie	2 SWS
Geodäsie	2 SWS
Stadtplanung	2 SWS
Geoinformationssysteme	2 SWS
Umweltplanung	2 SWS
Fernerkundung	2 SWS
Kartographie	2 SWS
Raumordnung/Landesplanung	2 SWS

Von den Seminaren müssen mindestens zwei erfolgreich abgeschlossen werden (4 SWS); es können höchstens vier (verschiedene) auf die Gesamtstundenzahl angerechnet werden (8 SWS). Im Rahmen des Seminars ist ein Referat zu halten. Während der Seminarveranstaltungen ist Anwesenheitspflicht.
Von den Projekten muß mindestens ein Projekt erfolgreich abgeschlossen werden (2 SWS); es können höchstens zwei Projekte auf die Gesamtstundenzahl angerechnet werden (4 SWS).

2.3 Wahlpflichtfächer (freie Wahl)

Als Wahlpflichtfächer (freie Wahl) können bis zu 6 SWS allgemeinbildende Fächer gewählt werden.

4.2 Zulassungsvoraussetzungen für Prüfungsleistungen

Die Zulassung zu Prüfungsleistungen der Diplomvorprüfung ist an keine Voraussetzungen geknüpft.
Zu Prüfungsleistungen der Diplomprüfung wird zugelassen, wem nicht mehr als 2 Prüfungsleistungen der Diplomvorprüfung fehlen (Vermessungskunde III ist hiervon ausgenommen). Die Anzahl der fehlenden Studienleistungen aus der Diplomvorprüfung ist nicht begrenzt.

5 Praxissemester und Diplomarbeit

Das Kolloquium ist die letzte Prüfung im Studiengang Geoinformationswesen. Zum Kolloquium wird zugelassen, wenn
- sämtliche Prüfungs- und Studienleistungen erbracht worden sind,
- die Diplomarbeit abgegeben worden ist,
- die Diplomarbeit von einem Prüfenden vorläufig mit mindestens „ausreichend" bewertet ist.

Diplomprüfungsordnung für den Studiengang Vermessungswesen

vom 12.08.1997

Auszug

Maskuline Personenbezeichnungen in dieser Ordnung gelten ebenso für Personen weiblichen Geschlechts.

Erster Teil

Allgemeine Vorschriften

§ 1 Zweck der Prüfungen

(1) Die Diplomprüfung bildet den ersten berufsqualifizierenden Abschluß des Studiums.

(2) Der Diplomprüfung geht die Diplomvorprüfung voraus.

§ 2 Hochschulgrad

Nach bestandener Diplomprüfung verleiht die Hochschule den Hochschulgrad „Diplom-Ingenieurin (Fachhochschule)" oder „Diplom-Ingenieur (Fachhochschule)", abgekürzt: „Dipl.-Ing. (FH)". Darüber stellt die Hochschule eine Urkunde mit dem Datum des Zeugnisses aus.

§ 3 Dauer und Gliederung des Studiums, Freiversuch

(1) Die Studienzeit, in der das Studium abgeschlossen werden kann, beträgt einschließlich berufspraktischer Tätigkeit im Umfang von zwei Semestern (Praxissemestern) und der Diplomprüfung acht Semester (Regelstudienzeit). Die Prüfungen können auch vor Ablauf der Regelstudienzeit abgelegt werden, sofern die für die Zulassung zur Prüfung erforderlichen Leistungen nachgewiesen sind.

(2) Das Studium gliedert sich in:

1. ein dreisemestriges Grundstudium (erster Studienabschnitt), das mit der Diplomvorprüfung abschließt,
2. ein fünfsemestriges Hauptstudium (zweiter Studienabschnitt), das mit der Diplomprüfung abschließt. In das Hauptstudium sind zwei Praxissemester, und zwar als fünftes und als achtes Semester, eingeordnet. Im zweiten Praxissemester soll in der Regel die Diplomarbeit angefertigt werden.

(5) Der zeitliche Gesamtumfang der Pflicht- und Wahlpflichtfächer und der Diplomarbeit beträgt 176 Semesterwochenstunden (im folgenden: SWS). Davon entfallen 142 SWS auf die Pflichtfächer einschließlich des Bearbeitungsaufwandes von 12 SWS für die Anfertigung der Diplomarbeit und 34 SWS auf Lehrveranstaltungen nach Wahl der oder des Studierenden entsprechend dem Studienplan. Auf das Grundstudium entfallen 84 und auf das Hauptstudium 92 SWS.

(6) Erstmals nicht bestandene Prüfungsleistungen gelten als nicht unternommen, wenn sie innerhalb der Regelstudienzeit des jeweiligen Studienabschnittes spätestens zu den regulären in dieser Prüfungsordnung festgelegten Prüfungsterminen abgelegt werden (Freiversuch). Im Rahmen des Freiversuches bestandene Prüfungsleistungen können zur Notenverbesserung auf Antrag einmal im nächsten Prüfungstermin wiederholt werden; dabei zählt das jeweils bessere Ergebnis.

§ 8 Aufbau der Prüfungen, Arten der Prüfungsleistungen

(1) Soweit der Zweite und Dritte Teil nicht weitere Leistungen vorsehen, bestehen die Diplomvorprüfung aus Fachprüfungen und die Diplomprüfung aus Fachprüfungen und der Diplomarbeit. Fachprüfungen setzen sich aus den Prüfungsleistungen in einem Prüfungsfach zusammen; sie können auch aus nur einer Prüfungsleistung bestehen. Folgende Arten von Prüfungsleistungen sind nach Maßgabe des Zweiten und Dritten Teils möglich:

1. Klausur (Absatz 2),
2. mündliche Prüfung (Absatz 3),
3. Entwurf (Absatz 4),
4. Erstellung und Dokumentation von Rechnerprogrammen (Absatz 5),
5. Hausarbeit (Absatz 6),
6. Referat (Absatz 7),
7. experimentelle Arbeit (Absatz 8).

§ 11 Bewertung der Prüfungsleistung und Bildung der Fachnote

(2) Für die Bewertung sind folgende Noten zu verwenden:
1,0; 1,3 = sehr gut = eine besonders hervorragende Leistung,
1,7; 2,0; 2,3 = gut = eine erheblich über den durchschnittlichen Anforderungen liegende Leistung,
2,7; 3,0; 3,3 = befriedigend = eine Leistung, die in jeder Hinsicht durchschnittlichen Anforderungen entspricht,
3,7; 4,0 = ausreichend = eine Leistung, die trotz ihrer Mängel den Mindestanforderungen entspricht,
5,0 = nicht ausreichend = eine Leistung, die wegen erheblicher Mängel den Anforderungen nicht mehr genügt.

(6) Bei der Bildung der Fachnote werden nur die beiden ersten Dezimalstellen hinter dem Komma berücksichtigt; alle weiteren Stellen werden ohne Rundung gestrichen.

§ 12 Wiederholung von Fachprüfungen

(1) Nicht bestandene Prüfungsleistungen einer Fachprüfung können einmal wiederholt werden. § 3 Abs. 6 bleibt unberührt. Wird die Prüfungsleistung mit „nicht ausreichend“ bewertet oder gilt sie als mit „nicht ausreichend“ bewertet und ist eine Wiederholungsmöglichkeit nach Absatz 2 nicht mehr gegeben, so ist die Prüfungsleistung endgültig nicht erbracht.

(2) Eine zweite Wiederholung ist in je drei Prüfungsleistungen der Diplomvorprüfung und der Diplomprüfung zulässig.

(3) In der letzten Wiederholungsprüfung darf eine schriftliche Prüfungsleistung nur nach mündlicher Ergänzungsprüfung mit „nicht ausreichend“ bewertet werden. Diese mündliche Ergänzungsprüfung wird von zwei Prüfenden abgenommen; im übrigen gilt § 8 Abs. 3 entsprechend. Der Prüfende setzt die Note der Prüfungsleistung unter angemessener Berücksichtigung der schriftlichen Leistung und dem Ergebnis der mündlichen Ergänzungsprüfung fest. Für die Bildung der Durchschnittsnote der von beiden Prüfenden jeweils gebildeten Note der Prüfungsleistung gilt § 11 Abs. 3 entsprechend.

(4) Wiederholungsprüfungen sind in der Regel im nächsten regulären Prüfungstermin nach dem letzten Fehlversuch nach näherer Bestimmung des Prüfungsausschusses abzulegen.

(5) Erfolglos unternommene Versuche, eine Fachprüfung in einem Studiengang des Vermessungswesens an einer anderen Fachhochschule oder einem entsprechen-

den Studiengang an einer Gesamthochschule in der Bundesrepublik Deutschland abzulegen, werden auf die Wiederholungsmöglichkeiten nach den Absätzen 1 und 2 angerechnet.

(6) Die Wiederholung einer bestandenen Prüfungsleistung ist nicht zulässig. § 3 Abs. 6 bleibt unberührt.

§ 14 Einstufungsprüfung

(1) Abweichend von den §§ 7, 20 und 23 kann zur Diplomvorprüfung, zu den Fachprüfungen der Diplomprüfung und zu der Diplomarbeit auch zugelassen werden, wer in einer Einstufungsprüfung nachweist, daß er über Kenntnisse und Fähigkeiten verfügt, die dem jeweiligen Studienabschnitt des betreffenden Studienganges entsprechen.

(2) Zur Einstufungsprüfung wird nur zugelassen, wer in einem Bewerbungsverfahren
1. die Berechtigung zum Studium in dem entsprechenden Studiengang nachweist,
2. eine abgeschlossene Berufsausbildung oder eine fünfjährige Berufstätigkeit in einem dem Studium in dem gewählten Studiengang förderlichen Beruf nachweist oder über entsprechende anderweitig erworbene praktische Erfahrungen verfügt und
3. den Erwerb der für die Einstufungsprüfung erforderlichen Kenntnisse und Fähigkeiten glaubhaft macht.

(3) Zur Einstufungsprüfung wird nicht zugelassen, wer für einen Studiengang dieser Fachrichtung an einer Hochschule eingeschrieben ist oder in den drei vorangegangenen Jahren eingeschrieben war oder in einem solchen Studiengang endgültig nicht bestanden hat.

Zweiter Teil

Diplomvorprüfung

§ 19 Art und Umfang

(1) Die Diplomvorprüfung wird studienbegleitend abgelegt. Sie besteht aus den Fachprüfungen und den Studienleistungen.

§ 21 Gesamtergebnis der Prüfung

(1) Die Diplomvorprüfung ist bestanden, wenn sämtliche Fachprüfungen mit mindestens „ausreichend“ bewertet sind und die Studienleistungen in den in Anlage 2 aufgeführten Fächern erbracht sind.

(2) Die Gesamtnote der Diplomvorprüfung errechnet sich aus dem Durchschnitt der Noten für die Fachprüfungen; §11 Abs. 4 und 6 gilt entsprechend.

Dritter Teil

Diplomprüfung

§ 22 Art und Umfang

(1) Die Diplomprüfung besteht aus

1. den Fachprüfungen,
2. der Diplomarbeit mit Kolloquium.

(2) Die Fachprüfungen werden studienbegleitend abgelegt. Die Fachprüfungen sowie Art, Anzahl und Gewichte der ihnen zugeordneten Prüfungsleistungen, die Prüfungsanforderungen und die Fächer, in denen Studienleistungen zu erbringen sind, sind in Anlage 4 festlegt.

(3) Die Diplomarbeit wird in der Regel im zweiten Praxissemester angefertigt.

§ 23 Zulassung

(2) Die Zulassung zu den Prüfungsleistungen setzt neben den Voraussetzungen nach §7 Abs. 2 die bestandene Diplomvorprüfung voraus.

(4) Die Zulassung zu der Diplomarbeit setzt neben den Voraussetzungen nach § 7 Abs. 2 die bestandene Diplomvorprüfung, die bestandenen Studien- und Prüfungsleistungen gemäß Anlage 4 und das erfolgreich abgeschlossene erste Praxissemester voraus.

§ 24 Diplomarbeit

(4) Die Zeit von der Ausgabe des Themas bis zur Ablieferung der Diplomarbeit beträgt zwei Monate. Das Thema kann nur einmal und nur innerhalb des ersten Drittels der Bearbeitungszeit nach Satz 1 zurückgegeben werden. Im Einzelfall kann auf begründeten Antrag der Prüfungsausschuß die Bearbeitungszeit ausnahmsweise bis zur Gesamtdauer von drei Monaten verlängern.

§ 25 Kolloquium

(1) Im Kolloquium hat der Prüfling in einer Auseinandersetzung über die Diplomarbeit nachzuweisen, daß er in der Lage ist, fächerübergreifend und problembezogen Fragestellungen aus dem Bereich seiner Fachrichtung selbständig auf wissenschaftlicher Grundlage zu bearbeiten und die Arbeitsergebnisse in einem Fachgespräch zu vertiefen.

(2) Voraussetzung für die Zulassung zum Kolloquium ist, daß sämtliche Voraussetzungen nach § 23 Abs. 4 erfüllt sind, die Studienleistungen nach Anlage 4 vorliegen und die Diplomarbeit von einem Prüfenden vorläufig mit mindestens „ausreichend" bewertet ist.

(4) Jede prüfende Person bildet jeweils aus ihrer vorläufigen Note für die Diplomarbeit und dem Ergebnis des Kolloquiums ihre endgültige Note für die Diplomarbeit mit dem Kolloquium. § 11 Abs. 2 bis 4 und 6 gilt entsprechend.

§ 26 Wiederholung der Diplomarbeit mit dem Kolloquium

(1) Die Diplomarbeit mit dem Kolloquium kann, wenn sie mit „nicht ausreichend" bewertet wurde, einmal wiederholt werden; eine zweite Wiederholung ist ausgeschlossen.

Vierter Teil

§ 29 Inkrafttreten

Diese Prüfungsordnung tritt nach ihrer Genehmigung durch das MWK am Tag nach ihrer Bekanntmachung im Nds. MBl. in Kraft.

Diplomprüfungsordnung für den Studiengang Geoinformationswesen an der Fachhochschule Oldenburg

vom 10.11.1997

nur Änderungen bzw. Unterschiede zur Prüfungsordnung im Studiengang Vermessungswesen

§ 3 Dauer und Gliederung des Studiums, Freiversuch

(5) Der zeitliche Gesamtumfang des Studiums beträgt 176 Semesterwochenstunden (SWS). Davon entfallen 146 SWS auf die Pflichtfächer einschließlich des Bearbeitungsaufwandes von 12 SWS für die der Diplomarbeit und 30 SWS auf Lehrveranstaltungen nach Wahl des Studierenden entsprechend dem Studienplan. Auf das Grundstudium entfallen 60 und auf das Hauptstudium 116 SWS. Der Anteil der Prüfungsfächer am zeitlichen Gesamtumfang. ist in den Anlagen 2 und 4 geregelt.

§ 12 Wiederholung von Fachprüfungen

(5) Erfolglos unternommene Versuche, eine Fachprüfung in einem Studiengang des Geoinformationswesens an einer anderen Fachhochschule oder einem entsprechenden Studiengang an einer Gesamthochschule in der Bundesrepublik Deutschland abzulegen, werden auf die Wiederholungsmöglichkeiten nach den Absätzen 1 und 2 angerechnet.

Dritter Teil

Diplomprüfung

§ 22 Art und Umfang

(1) Die Diplomprüfung besteht aus

1. den Fachprüfungen,
2. den Studienleistungen,
3. der Diplomarbeit mit Kolloquium.

(2) Die Fachprüfungen werden studienbegleitend abgelegt. Die Fachprüfungen sowie Art, Anzahl und Gewichte der ihnen zugeordneten Prüfungsleistungen, die Prüfungsanforderungen und die Fächer, in denen Studienleistungen zu erbringen sind, sind in Anlage 4 festlegt. Die Zeitpunkte der Freiversuche nach § 3 sind ebenfalls in Anlage 4 festgelegt.

Fachhochschule Stuttgart – Hochschule für Technik

Studiengang	**Vermessung und Geoinformatik**
Fachbereich:	**Vermessung und Geoinformatik**
Dekan:	Prof. Dr.-Ing. Hans-Joachim Mönicke
Prodekan:	Prof. Dr.-Ing. Manfred Hirle
Studiendekan:	Prof. Dr.-Ing. Manfred Hirle
Studienberatung:	Dekan und Dipl.-Ing.(FH) U. Walter
Anschrift:	Schellingstr. 24 **70174 Stuttgart**
Telefon:	07 11/ 1 21-26 06 und –26 07
Fax:	07 11/ 1 21-25 56
E-Mail:	dekan.fbv@fht-stuttgart.de
homepage:	http://www.fht-stuttgart.de/fbv/fbvweb

Summe der Professoren auf Planstellen	14
Summe der Lehrbeauftragten (Studium)	16
Summe der Laboringenieure auf Planstellen	4
Summe der Technischen Mitarbeiter auf Planstellen	3

Studenten:	**1996**	**1997**	**1998**	**1999**
Studienanfänger:	76	59	53	51*
Absolventen:	53	63	62	58
Studiendauer (Median):	8,5 Semester			
Regelstudienzeit:	8 Semester			
davon Praxissemester:	2 Semester			
Vorpraktikum:	2 Monate			

*) Hierzu kommen 13 Studienanfänger für den Masterstudiengang „Photogrammetry and Geoinformatics“

Labore

1.	Name des Labors:	Geodätisches Meßlabor
	Leitung:	Prof. Dr.-Ing. Wolf-Ulrich Böttinger
	Telefon:	07 11/ 1 21-26 32
2.	Name des Labors:	Labor für Elektronische Meßtechnik
	Leitung:	Prof. Dr.-Ing. Rainer Joeckel und Prof. Dr.-Ing. Manfred Stober
	Telefon:	07 11/ 1 21-26 07
3.	Name des Labors:	Labor für Photogrammetrie
	Leitung:	Prof. Dr.-Ing. Hans Mohl und Prof. Dr.-Ing. Siegfried Schenk
	Telefon:	07 11/ 1 21-25 13
	Fax:	07 11/ 1 21-25 56
4.	Name des Labors:	Labor für Kartographie
	Leitung:	Prof. Dr.-Ing. Theodor Johannsen
	Telefon:	07 11/ 1 21-27 44
5.	Name des Labors:	Labor für Geodätische Datenverarbeitung
	Leitung:	Prof. Dr.-Ing. Manfred Hirle
	Telefon:	07 11/ 1 21-26 11
6.	Name des Labors:	Labor für Geoinformatik
	Leitung:	Prof. Dr.-Ing. Rainer Kettemann
	Telefon:	07 11/ 1 21-26 08

Studiengang Vermessungswesen und Geoinformatik

Übersicht über die Lehrfächer und Prüfungen
gemäß der Studien- und Prüfungsordnung vom: 13.06.1995

Lehrfach	Studienabschnitt			Prüfungsleistungen			
	Grund-studium V + Ü	Haupt-studium V + Ü	Vertiefungs-studium V + Ü	Grund-studium		Haupt-studium	
				Schein Beleg	Prüf-ung	Schein Beleg	Prüf-ung
Mathematik	12				2		
Geometrie	4			1	1		
Math.St./ Fehlerlehre/ Ausgleichsrechnung		6					1
Grundl. der Informatik	10	4	4	1	1		2
Physik, Optik, Elektronik	4	4			1		1
Geologie, Ökologie, Geomorphologie		2				1	
Vermessungskunde/ Instrumentenkunde	16	16		1	2	1	1
Ingenieurgeodäsie		2	6		1	1	2
Recht/ Verwaltungs-grundlagen	4				1		
Geodätisches Rechnen	6				2		
Betriebswirtschaft	2				1		
Photogrammetrie		10				1	1
Fernerkundung/ Digi-tale Bildverarbeitung			12				1
Topographie/ Karto-graphie/ Kartennetze	4				1		
Geoinformationssysteme		8	8			1	4
Höhere Geodäsie/ Landesvermessung		6					2
Satellitengeodäsie/ Astronomie		2					1

Lehrfach	Studienabschnitt			Prüfungsleistungen			
	Grund-studium V + Ü	Haupt-studium V + Ü	Vertiefungs-studium V + Ü	Grund-studium		Haupt-studium	
				Schein Beleg	Prüf-ung	Schein Beleg	Prüf-ung
Ingenieurbau/ Wasserbau/ Bauwesen		2	6				4
Siedlungswesen/ Landesplanung		2	2				2
Management/ Führungs- u. Bewerbungstraining			4				2
Kataster/ Liegenschaftswesen		4	4				2
Neuordnung des ländlichen Raumes		4	4				2
Grundstücksbewertung		2					1
Seminare		2				1	
Hauptvermessungsübung / Exkursionen	3 Tage	25 Tage	5 Tage			3	
Dauer der Diplomarbeit	3 Monate						

Hinweise und Anmerkungen

1. **Vorpraktikum:** Erforderlicher Umfang 9 Wochen bis zum 3. Semester

2. **Erläuterungen zum Vertiefungsstudium**: Im Vertiefungsstudium müssen von den vier Wahlpflichtblöcken Geoinformatik, Ingenieurvermessung, Photogrammetrie/Fernerkundung und Liegenschaftskataster/Bodenordnung zwei Wahlblöcke gewählt werden.

Studien- und Prüfungsordnung (SPO) der Fachhochschule Stuttgart - Hochschule für Technik (HfT)

vom 13. Juli 1995

Aufgrund von § 32 Abs.1 und 38 Abs.1 des Gesetzes über die Fachhochschulen im Lande Baden-Württemberg (Fachhochschulgesetz - FHG) in der Fassung vom 10. Januar 1995 (GBI. 5. 73) hat der Senat der Fachhochschule Stuttgart - Hochschule für Technik am 15. Dezember 1993, am 26. Januar 1994, 13. April 1994, am 4. Juli 1994, am 30. November 1994 und am 29. März 1995 die folgende Studien- und Prüfungsordnung (SPO 95) beschlossen. Das Ministerium für Wissenschaft und Forschung Baden-Württemberg hat mit Erlaß vom 26. Juni 1995, Az.: IV-857.71/46 dieser Ordnung zugestimmt.

Stuttgart, den 13. Juli 1995

Prof. Dr. M. Stohrer, Rektor

Inhaltsverzeichnis

Auszug

Teil 1: Gemeinsame Bestimmungen für alle Studiengänge

§ 1 Geltungsbereich

Die Studien- und Prüfungsordnung gilt für

die Studiengänge	zugeordnet dem FACHBEREICH
ARCHITEKTUR	ARCHITEKTUR
BAUINGENIEUR-WESEN	BAUINGENIEUR-WESEN
BAUPHYSIK	GRUNDLAGEN und BAUPHYSIK
INNEN-ARCHITEKTUR	ARCHITEKTUR
MATHEMATIK	MATHEMATIK
VERMESSUNGS-	VERMESSUNGS-

§ 2 Studienziel, Dauer des Studiums

(2) Die Regelstudienzeit beträgt 8 Semester. Sie umfaßt 6 theoretische und 2 integrierte praktische Studiensemester sowie alle Prüfungen einschließlich der Diplomarbeit.

(4) Auf die Studiensemester sind Studienzeiten, die im gleichen Studiengang an einer anderen Hochschule im Geltungsbereich des Grundgesetzes verbracht wurden, grundsätzlich voll anzurechnen. Studienzeiten in anderen Studiengängen und an anderen Hochschulen sowie an Berufsakademien sind ganz oder teilweise anzurechnen, soweit ein fachlich gleichwertiges und für den neuen Studiengang förderliches Studium vorliegt.

§ 3 Gliederung des Studiums und Lehrangebot

(1) Das Studium ist in zwei Studienabschnitte gegliedert:

a) Das Grundstudium;
   es umfaßt die beiden ersten Studiensemester und schließt mit dem Zwischenzeugnis (§ 15) ab.

b) Das Hauptstudium:
   es umfaßt die restlichen sechs Studiensemester. Das Studium schließt mit dem Diplomzeugnis (§17) ab.

§ 5 Vorpraktikum, Ferienpraktikum

(1) Als Zugangsvoraussetzung für die Aufnahme des Studiums beträgt das Vorpraktikum im Studiengang:
VERMESSUNGSWESEN 3 Monate.

(4) Das Vor- und Ferienpraktikum kann nicht auf die praktischen Studiensemester angerechnet werden.

§ 6 Praktische Studiensemester

(1) Praktische Studiensemester sind im Studiengang: VERMESSUNGSWESEN
das 3. und 6. Semester.

Während der praktischen Studiensemester sind die Studierenden immatrikuliert.

(2) In den praktischen Studiensemestern können höchstens zwei Leistungsnachweise wiederholt werden, aber nur dann, wenn diese Leistungsnachweise aus einer Klausur bestehen.

(5) Ein praktisches Studiensemester umfaßt eine praktische Tätigkeit im Berufsfeld mit mindestens 100 Tagen Präsenz an der Arbeitsstelle sowie ergänzende Lehrveranstaltungen in Form von Blockveranstaltungen und Betreuung, in der Regel Einzelbetreuung, im Umfang von 4 Stunden pro Semester durch die Hochschule.

(6) Das praktische Studiensemester dauert im Sommer-Semester vom 1. März bis zum 31. August, im Winter-Semester vom 1. September bis zum 28. (29.) Februar. Es ist in Sonderfällen statthaft, ein ganzes praktisches Studiensemester um bis zu einem Monat in die vorlesungsfreien Zeiten zu verschieben, wenn durch die zeitliche Lage besonders instruktive Arbeiten ermöglicht werden. Die Praxisstelle kann während eines praktischen Studiensemesters den Studierenden in besonders begründeten Einzelfällen Arbeitsbefreiung bis zu 5 Arbeitstagen gewähren. Die Studierenden haben darüber hinaus keinen Urlaubsanspruch.

(10) In Ausnahmefällen kann eine fachein-

schlägige Ausbildung oder langjährige facheinschlägige Tätigkeit auf das erste praktische Studiensemester angerechnet werden. Als zweites praktisches Studiensemester kann nur ausnahmsweise eine frühere langjährige Berufstätigkeit angerechnet werden, wenn sie die Ausbildungsinhalte des zweiten praktischen Studiensemesters hinreichend vermittelt hat.

§ 9 Prüfungsleistungen, Scheine

(1) Prüfungsleistungen werden als Leistungsnachweise oder Prüfungen erbracht:

1. Leistungsnachweise (§ 11) sind studienbegleitende Prüfungsleistungen, die in Verbindung und in inhaltlichem Bezug mit einzelnen Lehrveranstaltungen erbracht werden.
2. Prüfungen (§ 12) sind Prüfungsleistungen, die lehrveranstaltungsübergreifend die Kenntnisse in ihrem Zusammenhang am Ende eines Studienabschnitts oder beim Abschluß des Studiums nachweisen sollen.

(6) Die schriftlichen und mündlichen Prüfungsleistungen sind in einem festgesetzten Zeitraum (Prüfungswochen) zum Ende eines jeden Semesters zu erbringen.

(11) Einschlägige Studien- und Prüfungsleistungen sowie Scheine, die an anderen Hochschulen und an Berufsakademien erbracht wurden, können vom Dekan nach Anhören der fachlich zuständigen Lehrperson anerkannt werden, sofern ein fachlich gleichwertiges Studium nachgewiesen wird.

§ 10 Bewertung von Prüfungsleistungen

(1) Für die Bewertung der einzelnen Prüfungsleistungen sind die folgenden Noten zu verwenden:

1 = sehr gut =	eine besonders hervorragende Leistung;
2 = gut =	eine erheblich über dem Durchschnitt liegende Leistung;
3 = befriedigend =	eine Leistung, die in jeder Hinsicht durchschnittlichen Anforderungen entspricht;
4 = ausreichend =	eine Leistung, die trotz ihrer Mängel durchschnittlichen Anforderungen entspricht;
5 = nicht ausreichend =	eine Leistung mit erheblichen Mängeln.

Zur differenzierten Bewertung der Leistungen können Zwischennoten mit gerader Dezimale nach dem Komma festgesetzt werden.

(2) Eine Prüfungsleistung ist bestanden, wenn sie mit ausreichend (4,0) oder besser bewertet wurde.

§ 12 Prüfungen

(1) Im Teil II sind die Lehrveranstaltungen aufgeführt, für die eine Prüfung stattfindet; gleichzeitig wird dort Art und Umfang dieser Prüfungen geregelt.

(3) Prüfungen sind in der Regel von zwei Prüfern zu bewerten. Jeder der Prüfer bewertet die Prüfung in ihrer Gesamtheit. Mindestens einer der Prüfer muß Professor sein.

§ 13 Wiederholung von Prüfungsleistungen

(1) Eine bestandene Prüfungsleistung kann nicht wiederholt werden.

(2) Nicht bestandene Prüfungsleistungen können grundsätzlich einmal wiederholt

werden. § 9 Abs. 7 und § 14 sind zu beachten.

(3) In besonderen Härtefällen kann der Zentrale Prüfungsausschuß eine zweite Wiederholung einer Prüfungsleistung außer der Diplomarbeit zulassen. Dabei wird auch entschieden, bis zu welchem Zeitpunkt die zweite Wiederholung erfolgt sein muß.

§ 14 Erlöschen der Zulassung zum Studiengang, Prüfungsanspruch

(1) Die Zulassung zum Studium erlischt, wenn die Studierenden

a) ein zweites Mal eine Prüfungsleistung nicht bestanden haben, sofern nicht gemäß § 13 Abs. 3 eine dritte Teilnahme zugelassen wurde, oder

b) ein zweites Mal erfolglos eine Diplomarbeit gefertigt haben oder

c) die Prüfungsleistungen und Scheine für das Grundstudium nicht innerhalb von vier Studiensemestern erfolgreich erbracht haben (§ 39 Abs. 2 S. 1 FHG) oder

d) die Prüfungsleistungen und Scheine für das Grund- und Hauptstudium nicht innerhalb von elf Studiensemestern erfolgreich erbracht haben (§ 39 Abs. 2 S. 2 FHG) oder

e) ein praktisches Studiensemester zum zweiten Mal, ohne daß es anerkannt wurde, abgeleistet haben, oder mehr als ein praktisches Studiensemester wiederholen müßten.

§ 15 Zwischenzeugnis

(1) Die Prüfungsleistungen des Grundstudiums werden zum Zwischenzeugnis zusammengefaßt.

(2) Das Zwischenzeugnis berechtigt zum Eintritt in das Hauptstudium.

(4) Sind die fehlenden Prüfungsleistungen und Scheine am Ende des ersten theoretischen Studiensemesters des Hauptstudiums nicht erbracht, so ist ein Weiterstudium im nächsthöheren Semester und das Ablegen der dort geforderten Prüfungsleistungen nicht möglich; außerdem ist § 14 Abs. 1a und 1c zu beachten.

§ 16 Diplomarbeit

(3) Die Ausgabe des Themas der Diplomarbeit an die Kandidaten ist erst möglich nach erfolgreichem Abschluß des 2. praktischen Studiensemesters und wenn alle Leistungsnachweise erbracht sind, die bis zum Ende des 4. theoretischen Studiensemesters nach dem Studienplan angeboten werden.

(4) Das Thema der Diplomarbeit ist so zu stellen, daß die Bearbeitungszeit mindestens 3 Monate beträgt. Die Bearbeitungszeit kann sich nach dem Thema der Diplomarbeit sowie nach dem notwendigen technischen und instrumentellen Aufwand richten; sie beträgt höchstens 6 Monate.

(11) Die Diplomarbeit kann nur einmal wiederholt werden. Die Anmeldung zur Wiederholung hat spätestens sechs Monate nach der Mitteilung über die Bewertung als „nicht ausreichend“ zu erfolgen. § 14 Abs. 3 ist zu beachten.

§ 17 Diplomzeugnis, Diplomurkunde

(6) Der Diplomgrad lautet für den Studiengang VERMESSUNGSWESEN Diplom-Ingenieur (Fachhochschule) Dipl.-Ing. (FH).

Teil II

Besondere Bestimmungen für die einzelnen Studiengänge

ALLGEMEINES

Studiengang VERMESSUNGSWESEN

1. Studienziel

Der Studiengang VERMESSUNGSWESEN ist ausgerichtet auf die praxisnahe Ausbildung eines im freien Beruf oder im öffentlichen Dienst tätigen Vermessungsingenieurs.

2. Gliederung des Studiums

Zugangsvoraussetzung zum Studium ist ein dreimonatiges Vorpraktikum, um das Berufsfeld des Vermessungsingenieurs und grundlegende Vermessungsarbeiten kennenzulernen. Vor Beginn des Studiums müssen davon mindestens 2 Monate, bis zum Beginn des 2. Studiensemesters alle 3 Monate erbracht sein.

Das Studium setzt sich aus sechs theoretischen und zwei praktischen Studiensemestern zusammen.

In den praktischen Studiensemestern werden die Studierenden von Professoren des Fachbereichs in der Regel einzeln 4 Stunden pro Semester betreut.

Geeignete Ausbildungsplätze bieten an:
- Vermessungsbehörden,
- Flurneuordnungsbehörden,
- öffentlich bestellte Vermessungsing.,
- Vereidigte Ing. für Vermessungstechnik,
- Entwickler geodätischer Programmsysteme,
- Anwender von Geoinformationssystemen,
- Institutionen, die umfangreiche Vermessungsarbeiten selbständig durchführen.

2.1 Grundstudium

Das Grundstudium (1. und 2. Semester) umfaßt mathematische und naturwissenschaftliche Vorlesungen, eine Einführung in Recht und Wirtschaft sowie die Vermittlung von Grundlagen und praktischen Fähigkeiten in den vermessungstechnischen Kernfächern.

Das Grundstudium wird mit der Zwischenprüfung abgeschlossen.

2.2 Hauptstudium

Der 1. Teil des Hauptstudiums (3., 4. und 5. Semester) beinhaltet ein praktisches und zwei theoretische Studiensemester. In diesen Semestern werden die vermessungstechnischen Kernfächer vertieft und die Grundlagen des behördlichen Vermessungswesens, der Geoinformatik, der Ingenieurvermessung und der Photogrammetrie vermittelt.

Der 2. Teil des Hauptstudiums (6., 7. und 8. Semester) gliedert sich ebenfalls in ein praktisches und zwei theoretische Studiensemester. Dieser Teil dient einer gezielten Vertiefung und Schwerpunktbildung. Neben Stammfächern, die jeder Student als Pflichtfächer hört, werden vier Wahlpflichtblöcke mit derselben Anzahl von Vorlesungsstunden angeboten, von denen zwei Blöcke - in beliebiger Kombination - belegt werden müssen.

3. Lehrangebot

Das Lehrangebot gliedert sich in

Vorlesungen und Übungen. Die praktischen Übungen finden in kleinen, überschaubaren Gruppen statt. Darüber hinaus werden mehrere Übungsblöcke - meist außerhalb Stuttgarts - veranstaltet.

3.1 Pflichtfächer

Das Grundstudium umfaßt ausschließlich Pflichtfächer. Das Hauptstudium besteht etwa zur Hälfte aus Pflichtfächern. Daneben werden verschiedene Wahlmöglichkeiten in Form von Wahlpflichtfächern und Wahlpflichtblöcken angeboten.

3.2 Wahlpflichtfächer

Um innerhalb des Studienangebotes auch aktuelle Entwicklungen im Fachgebiet und individuelle Neigungen der Studenten zu berücksichtigen, werden - z.T. fachbereichsübergreifend – Wahlpflichtfächer angeboten. Damit wird eine gezielte Vertiefung in folgenden Gebieten ermöglicht:
- Allgemeinbildung
- Fremdsprachen
- Vermessung und Geoinformatik

Aus dem Angebot der Wahlpflichtfächer müssen die Studierenden mindestens 12 Semesterwochenstunden (SWS) belegen, davon jeweils mindestens 2 SWS aus dem allgemeinbildenden, 2 SWS aus dem fremdsprachlichen und 4 SWS aus dem fachbezogenen Bereich.

Die Wahlpflichtfächer werden vielfach außerhalb der Vorlesungszeiten als Blockveranstaltungen (1 Block = 1 SWS = 2,5 Tage) angeboten. In die theoretischen Studiensemester sind längere, als Block veranstaltete, praktische Übungen integriert.

3.3 Wahlpflichtblöcke

Im 2. Teil des Hauptstudiums müssen die Studierenden ihre Studienschwerpunkte selbst bestimmen. Aus den zur Auswahl stehenden vier Wahlpflichtblöcken
- Geoinformatik
- Ingenieurvermessung und Ingenieurbau
- Liegenschaftskataster und Bodenordnung
- Photogrammetrie

müssen zwei Blöcke gewählt werden.

3.4 Übungsblöcke

In die theoretischen Studiensemester sind längere, als Block veranstaltete, praktische Übungen integriert, um unter fachkundiger Anleitung praxisgerechte, umfangreichere Aufgaben zu lösen.

Voraussetzung für die Zulassung zu den Prüfungsleistungen ist die erfolgreiche Teilnahme an folgenden praktischen Übungen:

a) 2-wöchige Topographie-Übung (TOÜ) im 5. Semester
b) 1-wöchige Übung im 7. Semester aus einem der beiden gewählten Wahlpflichtblöcke:
   - Geoinformatik
   - Ingenieurvermessung und Ingenieurbau
   - Liegenschaftskataster
   - Photogrammetrie

c) 2-wöchige Geodäsie-Übung (GEÜ) im 8. Semester im Fach Vermessungskunde III.

Fachhochschule Würzburg-Schweinfurt-Aschaffenburg

Studiengang	**Vermessung und Geoinformatik**
Fachbereich:	**Informatik, Kunststofftechnik und Vermessung**
Dekan:	Prof. Dr. Karl Kunz
Prodekan:	Prof. Dr. Breutmann (Informatik)
Studiendekan:	Prof. Dr. Kunz / Studiengangsleiter Vermessung: Prof. Dr. Harcke
Studienberatung:	Prof. Dr. Kunz
Anschrift:	Röntgenring 8 **97070 Würzburg**
Telefon:	09 31-35 11-2 10
Fax:	09 31-35 11-3 39
E-Mail:	drkunz@email.fh-wuerzburg.de
homepage:	http://rzwwwneu.fh-wuerzburg.de/vermessung

Summe der Professoren auf Planstellen	8
Summe der Lehrbeauftragten (Studium)	6 (intern) 3 (extern)
Summe der Laboringenieure auf Planstellen	1
Summe der Technischen Mitarbeiter auf Planstellen	2

Studenten:	**1996**	**1997**	**1998**	**1999**
Studienanfänger:	58	31	24	21
Absolventen:	38	56	46	54
Studiendauer (Median):	9,6 Semester			
Regelstudienzeit:	8 Semester			
davon Praxissemester:	2 Semester			
Vorpraktikum:	6 Wochen			

Labore

1.	Name des Labors:	Labor für Instrumentenkunde
	Leitung:	Prof. Dr. Egreder
	Telefon:	09 31/ 35 11-2 15
2.	Name des Labors:	Labor für Vermessungskunde
	Leitung:	Prof. Dr. Kunz
	Telefon:	09 31/ 35 11-2 10
3.	Name des Labors:	Labor für Photogrammetrie
	Leitung:	Prof. Dr. Doerge
	Telefon:	09 31/ 35 11-2 12
4.	Name des Labors:	Labor für Kartographie und Reprotechnik
	Leitung:	Prof. Dr. Harcke
	Telefon:	09 31/ 35 11-2 12
5.	Name des Labors:	Labor für Astronomie und Landesvermessung
	Leitung:	Prof. Dr. Schmidt
	Telefon:	09 31/ 35 11-2 18
6.	Name des Labors:	Labor für Ingenieurvermessung und statistische Auswertemethoden
	Leitung:	Prof. Dr. Ludwig
	Telefon:	09 31/ 35 11-2 13
7.	Name des Labors:	Labor für Erfassung und Verarbeitung von Vermessungsdaten, Instrumentenkunde
	Leitung:	Prof. Schauberger
	Telefon:	09 31/ 35 11-2 13
8.	Name des Labors:	Labor für GIS und Datenverarbeitung
	Leitung:	Prof. Dr. Grimmhardt
	Telefon:	09 31/ 35 11-2 17

Studiengang Vermessungswesen

Übersicht über die Lehrfächer und Prüfungen
gemäß der Studien- und Prüfungsordnung vom: 25.05.1999

Lehrfach	Studienabschnitt			Prüfungsleistungen			
	Grund-studium V + Ü	Haupt-studium V + Ü	Vertiefungs-studium V + Ü	Grund-studium		Haupt-studium	
				Schein Beleg	Prüf-ung	Schein Beleg	Prüf-ung
Mathematik	6				x		
Trigonometrie	2				x		
Darstellende Geometrie	4			x	x		
Vermessungskunde	12	12		x	x	x	x
Instrumentenkunde	6			x	x		
Physik, Optik, Elektronik	6				x		
Geodät. Berechnungen	8			x	x		
Grundl. der Informatik	11				x		
Grafische Daten-verarbeitung	6			x			
Englisch		4				x	
Ingenieurvermessung		5	6			x	x(x)
Ausgleichsrechnung		6					x
Photogrammetrie und Fernerkundung I		9	4			x	x(x)
Geoinformationssysteme		6	14			(x)	x(x)
Landesvermessung		7					x
Liegenschaftskataster		4	5			(x)	x
Ländliche Neuordnung		4	5				x(x)
Städtebauliche Planung		4	6			(x)	x
GIS Management		6				x	
Projektmanagement		4					x
Kartographie		3				x	x
Baukunde		4	8			x	x(x)
Geomorphologie/ Ökologie		2	2			x(x)	

Lehrfach	Studienabschnitt			Prüfungsleistungen			
	Grund-studium V + Ü	Haupt-studium V + Ü	Vertiefungs-studium V + Ü	Grund-studium		Haupt-studium	
				Schein Beleg	Prüf-ung	Schein Beleg	Prüf-ung
Recht		2				x	
Betriebswirtschaft		2				x	
Allgemeinwiss. Fächer		4				x	
Eisenbahnvermessung			4				(x)
Anlagendokumentation			4			(x)	
Entwicklung von Programmsystemen			4			(x)	
Bodenordnung u. Grund-stückswertermittlung			4				(x)

<u>Hinweise und Anmerkungen</u>

1. **Vorpraktikum:** Erforderlicher Umfang: 6 Wochen bis zum 3. Semester

2. **Erläuterungen zum Vertiefungsstudium:**

Das Vertiefungsstudium läuft im 7. und 8. Semester. Hier müssen die Studenten sich für einen der 4 Vertiefungsblöcke entscheiden. Es ist ihnen aber freigestellt, Lehrveranstaltungen anderer Blöcke zu belegen. Des weiteren werden noch Wahlfächer angeboten.
Folgende Lehrgebiete werden in den Blöcken der Wahlpflichtfächer angeboten (in Klammern die Anzahl der Semesterwochenstunden):

<u>Block1:</u>
Ingenieurvermessung II (6), Eisenbahnvermessung (4)
Baukunde II Bahn- u. Tunnelbau (4) Anlagendokumentation (4)
Baukunde III (Brückenbau) (4)

<u>Block II:</u>
Ländliche Neuordnung II (5) Liegenschaftskataster II (5)
Ökologie (2) Städtebauliche Planung II (6)
Photogrammetrie und Fernerkundung II (4)

Block III

GIS-Engineering	(6)	GIS-Entwicklung	(6)
GIS-Anwendung	(2)	Entwickl. von Programmsystemen	(4)

Photogrammetrie und Fernerkundung II (4)

Block IV

Städtebauliche Planung II	(6)	GIS-Entwicklung	(6)
Anlagendokumentation	(4)	Ökologie	(2)

Bodenordnung und Grundstückswertermittlung (4).

Diese Wahlpflichtfächer sind auch in der Übersicht der Lehrveranstaltungen und Prüfungen mit den jeweils erforderlichen Prüfungs- oder Studienleistungen aufgeführt, wobei die Prüfungsleistungen mit Klammern (für wahlobligatorisch) versehen sind.

Folgende **Wahlfächer** werden angeboten:
- Kalkulation von Vermessungsleistungen,
- Astronomische Geodäsie,
- Betriebssysteme und Datenkommunikation,
- Vertiefung ausgewählter aktueller Technologien.

Studien- und Prüfungsordnung für den Fachhochschulstudiengang Vermessung und Geoinformatik an der Fachhochschule Würzburg-Schweinfurt-Aschaffenburg

vom 25. Mai 1999

Auszug

Aufgrund von Art. 6 Abs. 1, 72 Abs. 1, 81 Abs. 1 und 84 Abs. 2 Satz 3 des Bayerischen Hochschulgesetzes (BayHSchG) erlässt die Fachhochschule Würzburg-Schweinfurt-Aschaffenburg folgende Satzung:

§ 1 Zweck der Studien- und Prüfungsordnung

Diese Studien- und Prüfungsordnung regelt den Ablauf des Studiums für den Fachhochschulstudiengang Vermessung und Geoinformatik. Sie dient außerdem der Ausfüllung der Rahmenprüfungsordnung für die Fachhochschulen in Bayern vom 18. 09. 1997 (BayRS 2210-4-1-4-1-K), der Verordnung über die praktischen Studiensemester an Fachhochschulen in Bayern vom 3. Dezember 1980 und der Allgemeinen Prüfungsordnung der Fachhochschule Würzburg-Schweinfurt-Aschaffenburg vom 21. April 1998 (KWMBl II S. 918) in deren jeweiliger Fassung.

§ 2 Studienziel

(1) Ziel des Studiums ist die Ausbildung von Ingenieuren für Vermessung und Geoinformatik.

(3) Das Studium bereitet vor für die Tätigkeit bei Behörden (Vermessungs-, Bau-, Flurbereinigungsbehörden, Kommunen, Wasser- und Schifffahrtsverwaltung und andere), bei der Bahnverwaltung, bei Hafen- und Flughafenverwaltungen, bei Energieversorgungs- und Industrieunternehmen, Baufirmen, Planungs- und Ingenieurbüros, GIS-Dienstleistungsunternehmen und -Systemhäusern, Unternehmensberatungen, Immobilienfirmen, Versicherungen, Banken und weiteren Nutzern und Anbietern von raumbezogenen Daten.

§ 3 Aufbau des Studiums

(1) Das Grundstudium umfaßt zwei theoretische Studiensemester

(2) Das Hauptstudium umfaßt vier theoretische und zwei praktische Studiensemester, die als drittes und sechstes Fachsemester geführt werden.

§ 5 Studienplan

(1) Der zuständige Fachbereich erstellt zur Sicherstellung des Lehrangebots einen Studienplan, der nicht Teil der Studien- und Prüfungsordnung ist. Er wird vom Fachbereichsrat beschlossen und ist hochschulöffentlich bekanntzumachen. Der Studienplan soll insbesondere auch Regelungen und Angaben enthalten über:

- die zeitliche Aufteilung der Wochenstunden je Fach und Semester (im achten Semester höchstens 18 Semesterwochenstunden ohne Diplomarbeit) mit Angabe der Lehrveranstaltungsart,
- die Form und die Organisation der praxisbegleitenden Lehrveranstaltungen,
- nähere Bestimmungen über studienbegleitende Leistungs- und Teilnahmenachweise,

- nähere Bestimmungen über Zulassungsvoraussetzungen zu Prüfungen.

Die in dieser Studien- und Prüfungsordnung enthaltenen Angaben über die Studienziele und Studieninhalte sowie über den Ausbildungsplan für die praktischen Studiensemester können im Studienplan weiter differenziert werden.

(2) Ein Anspruch darauf, daß alle vorgesehenen Studienschwerpunkte, Wahlpflichtfächer und Wahlfächer tatsächlich angeboten werden besteht nicht. Desgleichen besteht kein Anspruch darauf, daß die Lehrveranstaltungen in diesen Fächern bei nicht ausreichender Teilnehmerzahl durchgeführt werden.

§ 6 Grundstudium

In jedem der Pflichtfächer des Grundstudiums sind Leistungsnachweise zu erbringen. Das Erreichen mindestens ausreichender Endnoten in allen Fächern ist Voraussetzung für das Bestehen der Diplom-Vorprüfung. Die einzelnen Fächer sind zusammen mit den erzielten Endnoten im Diplom-Vorprüfungszeugnis auszuweisen.

§ 7 Eintritt in das Hauptstudium und das zweite praktische Studiensemester

(1) Zum Eintritt in das Hauptstudium ist nur berechtigt, wer die Diplom-Vorprüfung bestanden hat **oder** in den Fächern 1 bis 9 des Grundstudiums mindestens sechsmal die Endnote „ ausreichend' oder besser erzielt hat.

(2) Der Eintritt in das zweite praktische Studiensemester setzt die bestandene Diplom-Vorprüfung und die erfolgreiche Ableistung des ersten praktischen Studiensemesters voraus.

§ 8 Hauptstudium

In jedem der Pflicht- und Wahlpflichtfächer des Hauptstudiums sind Prüfungen beziehungsweise studienbegleitende Leistungsnachweise zu erbringen. Die Art und Dauer dieser Leistungsnachweise ist in der Anlage 3 zu dieser Satzung festgelegt. Das Erreichen mindestens ausreichender Endnoten in allen Fächern ist Voraussetzung für das Bestehen der Diplomprüfung. Die einzelnen Fächer sind zusammen mit den erzielten Endnoten im Diplomprüfungszeugnis auszuweisen.

§ 9 Praktische Studiensemester

(1) Die Inhalte der beiden praktischen Studiensemester sind in der Anlage 2 festgelegt.

(2) Ist das Ausbildungsziel nicht beeinträchtigt, wird von der Nachholung von Unterbrechungen der Praxiszeiten ausnahmsweise abgesehen, wenn der Student diese nicht zu vertreten hat (z.B. Betriebsruhe, Ableistung von Wehrübung) und die durch die Unterbrechung aufgetretenen Fehltage sich insgesamt über nicht mehr als fünf Tage je praktisches Studiensemester erstrecken. Erstrecken sich die Unterbrechungen auf mehr als fünf, so sind die Fehltage insgesamt nachzuholen. Geleistete Überstunden können auf Unterbrechungen angerechnet werden.

§ 11 Differenzierte Bewertung von Leistungsnachweisen

Zur differenzierten Bewertung von Prüfungsleistungen und studienbegleitenden Leistungsnachweisen werden die ganzen

Notenziffern 1 bis 5 um 0,3 erniedrigt oder erhöht, wobei die Noten 0,7 sowie 4,3, 4,7 und 5,3 ausgeschlossen sind.

§ 12 Diplomarbeit

(1) Das Thema der Diplomarbeit soll frühestens zu Beginn des ersten und spätestens im zweiten auf das 2. praktische Studiensemester folgende Semester ausgegeben werden. Die Studierenden haben die Möglichkeit, aus vorgegebenen Themenvorschlägen der Aufgabensteller ein Thema auszuwählen oder mit eigenen Themen die Prüfer anzusprechen.

(2) Die Bearbeitungszeit wird im Rahmen der Regelung von § 31 Abs. 4 RaPO durch den Aufgabensteller festgelegt und aktenkundig gemacht. Achtes Semester im Sinn von § 31 Abs. 4 RaPO ist dabei das zweite auf das 2. praktische Studiensemester folgende Semester.

(5) Die Note der Diplomarbeit wird für die Bildung der Prüfungsgesamtnote des Diplomzeugnisses zweifach gewichtet.

§ 13 Inkrafttreten, Übergangsregelungen

(1) Diese Studien- und Prüfungsordnung Vermessung und Geoinformatik (SPO-Verm-Geo) tritt am 1. Oktober 1999 in Kraft.

(2) Diese SPO-Verm-Geo gilt für alle Studenten, die das Studium in diesem Studiengang nach dem SS 1999 beginnen.

Würzburg, den 25. Mai 1999

Professor Dr. Heribert Weber

Vizepräsident